現代企業經營
法律實務

LCS協合法律

序

　　LCS協合國際法律事務所於1998年亞洲金融風暴之際創立，2018年是成立的20週年。猶記得本所成立之初，天下雜誌有一篇台灣律師事務所的專題報導，本所被當成大型事務所的對照組，探討四個人的小事務所是否能承辦併購財經大案；財訊也以「一群小夥子 統一大聯電」為標題，報導這麼年輕的事務所，如何能受到聯電委任，擔任「五合一」800億合併案的律師。

　　20年前本所基於「協力合作」、「追求卓越」、「持續研究」與「回饋社會」的宗旨而創立，20年後的今天，我們很高興我們做到了，並且仍然堅持當年的初衷，繼續茁壯及進步。憑著對律師專業與操守絕對的執著，20年來除了併購及資本市場業務，我們也發展出金融科技、衍生性商品、公平交易、海外籌資、工程、能源、勞工、私募基金、跨國投資、智慧財產、證券化、信託、重整、娛樂、媒體以及訴訟與仲裁等其他領域的業務，並持續提供最高品質的法律服務，這些成績都是因歷年來廣納各領域頂尖人才加入本所，在大家的努力之下共同成就的。

　　感謝全體同仁的努力，2017年本所代表的跨國併購案件環球晶圓併購SunEdison Semiconductor榮獲「台灣併購私募股權協會」評選為2017最具代表性的併購案件與最佳跨國併購案件。2017年我們也出版了台灣第一本金融科技法律專書，獲得實務界極大的回響。2018年我們選定了「金融科技」、「企業經營」、「投資」、「公平競爭」與「智慧產權」五大主題發表實務法律問題分析，為本所20年來的發展留下一個備忘錄，亦為本所的下一個20年揭開序幕。

協合國際法律事務所 謹誌

作者簡介

吳必然

專精於新創事業及金融科技（申請證照、募資、國際化及併購）、數位媒體及電信（TMT）、基礎建設、國際經濟法

谷湘儀

專精於金融科技、證券化、信託、商業及行政訴訟

廖婉君

專精於資產交易、證券金融及併購

朱漢寶

專精於工程、智慧財產、營業秘密等民刑事訴訟

張炳坤

專精於資本市場、併購、公司及證券、商業糾紛處理

張溢修

專精於併購、私募基金、跨國投資

黃蓮瑛

專精於公平交易、勞動、公共工程

楊晉佳

專精於智慧產權、民刑事訴訟

吳祚丞

專精於金融、公平交易、媒體產業等民刑事訴訟

張倪羚

專精於政府採購法、工程、勞工、家事及證券法訴訟

廖維達

專精於兩岸投資及商務法律、資本市場及併購

任書沁

專精於企業併購、跨國投資、公司及證券金融

姜　萍

專精於證券交易、醫療、不動產、勞資及金融爭議

目　錄

第五篇　智慧產權

第一篇

金融科技法律

1 初次代幣發行（ICO）在台灣

吳必然／張嘉予／郭彥彤

2008年，一篇〈比特幣：一種點對點的電子現金系統〉發表。2009年，該文作者中本聰將比特幣網路上線，並發行了最初的50個比特幣，將全世界推向了虛擬貨幣的浪潮。2013年6月，首個初次代幣發行（ICO）項目發起眾籌，讓全世界看到了虛擬貨幣的集資潛力，至今已有大量項目透過ICO的方式募資，而非選擇傳統的初次公開發行（IPO）。然而，世界各國顯然還未準備好面對ICO籌資方式所帶來的衝擊，透過ICO的糖衣包裹成的詐欺及非法活動層出不窮，中國大陸七個部門[1]更共同於2017年9月初發表了「關於防範代幣發行融資風險的公告」，將ICO籌資方式定性為非法集資，嚴格限縮了ICO的未來發展，也使相關人員重新意識到了ICO的法律風險。

台灣主管機關目前尚未就ICO表態，既未有相關的立法草案，也少有專文討論或介紹ICO。然而，ICO在世界各國已蔚為風潮，且為跨國界的籌資模式，台灣不可能置身事外，故本文擬介紹ICO的籌資方式、案例，並以台灣現行法律說明可能的法律

---

[1] 中國人民銀行、中央網信辦、工業和信息化部、工商總局、銀監會、證監會、保監會，公告內容詳參本文介紹。

議題，以供有關人士參考。

一、什麼是ICO

　　ICO的英文全名是Initial Coin Offering，指的是一種用虛擬貨幣為項目籌資的方式，不同的項目可能使用不同的虛擬貨幣作為支付對價，除了使用比特幣或以太幣外，有的項目也會接受其他虛擬貨幣。ICO的參與者於認購完成後，發起項目者（issuer）會發放給參與者代幣（token）。在多數項目中，參與者可以依照代幣的約定取得分潤的權益，也有部分項目可以約定取得股權，甚至有的項目只有決策權而無任何分潤的約定。有的參與者會在二級市場交易上述代幣獲得報酬，也有的參與者是透過前述分潤獲得利益。而需要注意的是，由於並非所有的ICO項目都會受到交易平台支持，所以有的ICO代幣可能難以交易甚至無法變現。

　　一般而言，ICO最容易聯想到的概念就是IPO，兩者間雖有共同點，但仍有本質上的不同。IPO的投資人會持有公司股票，以市場上的股票價值及分紅來獲取利益，同時也可以依法行使股東權益，但ICO並不必然擁有項目中的股份（雖然某些項目可能會有與股份相關的約定），也不必然會有項目的決策權，即使ICO可以透過約定跟白皮書的條文來連結各式的權益，但跟IPO相比，ICO還是比較偏向新型態之參與機制（包括群眾募資），

而非傳統之股票投資。此外，IPO的發行主體必然是公司法人，然而，ICO的發行主體則不受限，也許是公司法人性質，也許只是一專案的開發團隊為了特定專案進行籌資。ICO與IPO之比較茲整理於下表[2]供讀者參考。

	ICO	IPO
發行主體	無限制	公司法人
發行客體	代幣	公司股票
表彰權利	視設計而定	股權
參與／出資方式	虛擬貨幣、法定貨幣或其他貢獻	法定貨幣
二級市場交易	可	可
交易方式	區塊鏈技術	證券交易市場或其他依發行地法令許可之交易方式
監管法規	發展中	發行地之證券法規

二、ICO案例介紹

　　可查得的第一個ICO項目是萬事達幣（MSC），2013年7月時於最大的比特幣及虛擬貨幣論壇Bitcointalk上以比特幣進行ICO籌資，該項目生成Mastercoin代幣並分配予該項目參與者，共募集了5000多個比特幣。

---

[2]　作者自製。

　　最有名的ICO項目非以太坊Ethereum莫屬，2013年底，Vitalik Buterin發布了以太坊初版白皮書，希望有一個更完善的程式語言讓人開發程式，2014年透過非營利機構以太坊基金會開發程式，並透過ICO募資，參與者用比特幣向基金會購買以太幣，直至今日，以太幣已經成為市值第二高的虛擬貨幣。

　　近來ICO項目層出不窮，從單純的眾籌，衍伸出了多種參與機制，例如Paquarium項目[3]是以發行代幣的方式募集建設水族館的資金，此項目參與者除了可以得到終身免費入場券、20%利潤分配及上述參與的權利外，尚設計有投票權允許項目，讓參與者透過線上系統參與水族館建設的決策，如表決水族館所在地。值得注意的是Paquarium項目網站及相關文件明文表示此ICO項目就是由Paquarium發行代幣換取投資，該等代幣可以表彰利潤分配的權利，於項目網頁中甚至直接以Dividend（股利）稱之。或許也是因為該項目的發行地區是愛沙尼亞，該國對於ICO的態度較為開放，甚至有意發行Estcoin透過ICO來募集國家資金，以致Paquarium項目的機制設計與發行有價證券較為相似。

---

[3]　https://ico.paquarium.com/

比特幣、以太幣及ICO代幣比較

	比特幣	以太幣	其他數位代幣
基礎技術	區塊鏈技術	區塊鏈技術	區塊鏈技術
主要功能	支付*	支付*	表彰之權利 視設計而定
ICO角色	作為支付工具	作為支付工具	募資及其他參與機制
有價證券性質	無**	無	依各國證券法規認定
二級市場交易	可	可	可

*此處之「支付」功能非指已經承認為法定交易方式。
**2015年9月美國商品期貨交易委員會正式將比特幣認定為「商品」
（commodity）。

三、各國對於ICO的態度

　　由於許多ICO是透過發行虛擬貨幣進而籌資的過程，首當其衝的法律議題就是：到底ICO算不算是發行有價證券籌資？如有主管機關認為符合發行有價證券之定義，接下來的問題就是：是否有違反各國的證券交易法令？然而，ICO是一新興議題，各國對前述問題態度十分不同，尚未有所定論，謹摘錄國際間最新發展如後，供讀者參考。

（一）中國大陸

　　中國大陸的國家互聯網金融風險分析技術平台於2017年7月底發布了《2017上半年國內ICO發展情況報告》，該報告顯示ICO項目於中國大陸上線頻率快速暴增，融資規模及用戶參與程

度也呈加速上升的趨勢。國家互聯網金融風險分析技術平台監測了國內提供ICO服務的相關平台，發現第三方專營平台，以及虛擬貨幣交易＋ICO模式的平台即占了所有平台接近九成。而各平台經營所在地以廣東、上海及北京最多，加總約占了整體的六成⁴。

該報告統計了ICO項目數量，發現2017年前本來只有5個項目，但從2017年度開始，1到4月就有8個項目上線，5月份有9個項目上線，6月份更有高達27個項目上線，截至該報告發布基準日（2017年7月18日止），7月份也有16個項目上線。至於募資規模，也跟項目數量一樣直線上升，至基準日止，已經募集了超過人民幣26億元的資本，累計參與人次也高達10萬5000人，明顯可以看出中國大陸ICO項目的火熱程度。

就在ICO蓬勃發展的浪頭上，中國大陸七個部門⁵卻於2017年9月初，依據中國大陸銀行及證券相關法規⁶，發布了「關於防範代幣發行融資風險的公告」。該公告開宗明義便將ICO定性為違法行為，向投資者說明「募集虛擬貨幣本質上就是未經批准而公開融資的非法行為」，此舉涉嫌非法發售代幣票券、非法發行證券、非法集資、金融詐騙、傳銷等犯罪活動。值得注意的是，

4　該報告同時發現有6家平台無明確的經營主體。
5　同註1。
6　中華人民共和國人民銀行法、中華人民共和國商業銀行法、中華人民共和國證券法、中華人民共和國網絡安全法、中華人民共和國電信條例、非法金融機構和非法金融業務活動取締辦法。

除了說明ICO外，該公告還直接限制了虛擬貨幣的定位，強調該等代幣或虛擬貨幣並非由主管機關發行，不具有法償性及強制性等貨幣屬性，不具有與貨幣等同的法律地位，也無法作為貨幣在市場上流通使用。

隨著該公告公布後，陸續有ICO平台配合停止營運[7]，且造成了比特幣價格短暫重挫暴跌。然而ICO項目是否真的能如該公告要求地辦理清退，仍然有所疑問。此外，由於該公告也限制金融機構及非銀行支付機構開展與代幣發行融資交易相關的業務，短期內可見ICO於中國大陸的發展將受到巨大阻礙。

（二）南韓

南韓為繼中國大陸之後第二個明文禁止ICO的國家。南韓對於ICO的禁令早有跡可循，由南韓央行、金融監管機構以及數位貨幣公司所組成的「數位貨幣專案小組」在2017年9月初即宣布會加強控制虛擬貨幣交易，隨後南韓金融服務委員會考量到ICO市場過熱及其所衍生的金融詐騙風險，進一步於2017年9月29日發表聲明指出，以證券發行形式使用虛擬貨幣籌資違反南韓的資本市場法，宣布將禁止境內所有形式的ICO籌資活動及嚴懲ICO參與者，並持續對虛擬貨幣市場進行監控，觀察是否應繼續強化管控措施。南韓原先蓬勃的虛擬貨幣交易勢必在全面禁止ICO後

---

[7]　如BTC China於9月14日停止接受註冊，並於9月30日全面停止比特幣交易，以及ICOAGE等。

會遭受衝擊。

（三）美國

　　依據美國證券管理委員會（Securities and Exchanges Commission, SEC）於2017年7月25日對於ICO專案「The DAO[8]」的調查報告（下稱「DAO報告」）[9]，ICO是否屬於美國證券相關法規的適用範圍，必須實質認定該ICO是否構成證券之發行與銷售。雖然ICO屬於新興金融科技下的產物，但因美國1933年證券法§2(a)(1)及1934年證券交易法§3(a)(10)肯認「投資契約」為證券的類型，大為擴充了美國法下有價證券的概念，如果ICO發行的代幣的性質被解釋成投資契約，除非屬於豁免證券，發行該代幣即有證券相關法規的適用。

　　The DAO為Slock.it使用以太坊區塊鏈技術建立的網路組織，投資人使用以太幣購買DAO代幣後，The DAO會以所獲得的資產對不同項目進行投資，DAO代幣持有人擁有組織的投票權及分配投資項目利潤的獲利權，亦可將其所購買的代幣在次級市場進行交易，然而，The DAO在進行項目投資前即遭駭客竊取將近三分之一的資產，此投資專案也宣告失敗。在DAO報告

---

[8]　DAO為decentralized autonomous organization的縮寫，為「去中心化自主組織機制」，其透過智慧合約（smart contract）來建立個體之間、個體與組織間或組織之間的聯繫。

[9]　Report of Investigation Pursuant to Section 21(a) of the Securities Exchange Act of 1934: The DAO (Release No. 81207/ July 25, 2017).

中，SEC採用Howey Test檢視DAO代幣是否構成投資契約，以決定其是否有美國證交法的適用。Howey Test認定有價證券的要件有四：1.金錢之投資（invest his money）[10]；2.共同之事業（in a common enterprise）；3.獲利之期望（is led to expect profits）；4.他人之努力（Solely from the efforts of the promoter or a third party）。SEC認定投資人使用以太幣購買DAO代幣提供金錢之投資，合理期待享有The DAO（一個共同之事業）進行投資所賺取的利潤，且該利潤植基於The DAO管理者對The DAO的控管而生，因此DAO代幣構成投資契約，應受美國證交法的規範。從SEC得出結論的方式可知，雖然SEC認定DAO代幣為應適用美國證交法的投資契約，DAO報告並未認定所有ICO發行的代幣皆屬於有價證券，ICO發行的代幣是否屬於有價證券仍必須個案判斷。

　　SEC企業金融部門（Division of Corporation Finance）及執法部門（Division of Enforcement）的聯合聲明[11]再次重申，投資項目是否涉及證券的買賣應就個案的事實情境認定，其所使用的用語與技術並非考量依據。SEC投資人教育及宣傳辦公室（Office of Investor Education and Advocacy）則提醒投資人

---

[10] 在SEC v. Shavers（No. 4: 13-CV-416, E. D. Tex. Sept. 18, 2014）一案中，法院認定虛擬貨幣的投資亦符合「金錢之投資」此一要件。

[11] Statement by the Divisions of Corporation Finance and Enforcement on the Report of Investigation on The DAO, Divisions of Corporation Finance and Enforcement, July 25, 2017.

注意ICO的金融詐騙風險[12]。雖然美國目前並未禁止ICO，但對於ICO仍採取密切監督的態度，且監督範圍亦不限於ICO活動本身。在2017年8月28日SEC發布的投資人警訊[13]中即提到，ICO可能為公平且合法的投資機會（fair and lawful investment opportunities），但公司可能會藉由ICO相關事項的發布影響公司股票的價格，在此情形下SEC可能會暫停公司股票的交易。

　　2017年12月1日，SEC認定PlexCorps透過ICO發行PlexCoin募資為未依法註冊之證券發行，且其經營者Dominic Lacroix及Sabrina Paradis-Royer涉嫌證券詐欺，進而於紐約東區地方法院起訴PlexCorps、Lacroix及Paradis-Royer。依據SEC提出之起訴狀[14]，由於PlexCorps透過臉書及PlexCorps網站向位於美國境內之投資人進行公開招募，美國就前述被告未依法註冊之證券發行及證券詐欺行為有管轄權限。SEC維持其於DAO報告中所揭示之原則，認為被告於白皮書中宣稱投資人購買PlexCoin後，可基於專業團隊以ICO募得資金投資所得獲利、PlexCorps營利之分潤及市場價格維持團隊之操作下產生之PlexCoin漲價而獲取利潤，PlexCoin應屬於美國證券法規所稱之有價證券，既然PlexCoin並非任何豁免證券，則未經註冊即發行PlexCoin構成違法發行有價證券。在證券詐欺方面，SEC認為依照PlexCorps於其網站及白

---

[12] 參見Investor Bulletin: Initial Coin Offerings dated July 25, 2017.
[13] Investor Alert: Public Companies Making ICO-Related Claims dated August 28, 2017
[14] 2017年12月1日SEC v. PlexCorps, Dominic Lacroix and Sabrina Paradis-Royer起訴狀。

皮書之資訊，PlexCorps宣稱預購期間購買PlexCoin之投資人於29天內之獲利率可高達1,354%毫無根據，且未依白皮書承諾將ICO所募資金用於業務開發上，反而用來支付Lacroix及Paradis-Royer的私人帳單；PlexCorps謊稱擁有專業團隊負責操作資金投資及維持代幣市場價格，並因Lacroix為屢次違反加拿大證券交易法之慣犯，故意隱匿其經營者的身分，誘使投資人在不知情的狀況下進行投資，應構成證券詐欺。

　　由此可見，SEC將ICO發行方提出之白皮書視為認定代幣是否屬於有價證券、是否涉及證券詐欺等違法情事之重要判斷依據，SEC會對白皮書中說明之分潤設計、運作、管理方式等細節進行調查，白皮書之功用不僅是向潛在投資人說明及推銷ICO之代幣，亦與ICO之法規適用息息相關。

（四）瑞士

　　瑞士一向被認為是對虛擬貨幣交易友善的國家，楚格州（Zug）因吸引了許多加密技術公司入駐而有「加密谷」（Crypto-Valley）之稱，2017年9月15日蘇黎世更是舉辦了ICO高峰會，就區塊鏈眾籌領域進行意見交流。瑞士金融市場監督管理局（FINMA）在2017年9月29日針對ICO發布了FINMA指南04/2017（FINMA Guideline 04/2017: Regulatory treatment on initial coin offering），表示支持區塊鏈技術發展並應用於金融產業，重申瑞士對金融市場採取原則性及技術中立性監管方式，因

此現有法規對ICO亦有適用的可能。該指南中提到，瑞士目前沒有針對ICO的特別法規，在監管的角度下，無第三方中介的自行籌資如果發行方不具備償付義務、未發行支付工具及不存在次級市場，原則上即不受管制。然而，ICO仍有遵行現行法律的義務，特別是防治洗錢與資助恐怖主義的相關法規、銀行法、證券及集體投資計畫相關法規，如果發現ICO有違法或規避法規的情形，FINMA也會進行執法。

　　基本上，FINMA透過指南04/2017表達的監管立場對於ICO發展尚稱有利。目前瑞士認為以現存法規規範ICO即已足夠，即便ICO發行的代幣被認定為證券性質，因瑞士的證券法規相較其他國家較為寬鬆，發行成本仍較其他國家低廉。雖瑞士近期對於ICO展開調查，但調查所針對的對象是以ICO眾籌方式包裝之詐欺案件，並沒有否認符合法規規定下發行ICO的合法性。事實上，加密谷協會（Crypto Valley Association）也贊成FINMA對ICO建立法規，認為適當的規範更有助於ICO的發展。

（五）新加坡

　　新創公司為ICO籌資的主要參與者，作為新創公司的重要據點，新加坡已有許多成功的ICO案例。新加坡向來大力支持區塊鏈的發展，例如：新加坡金融管理局（Monetary Authority of Singapore, MAS）本身即實行了一項名為「Project Ubin」的計畫，將新加坡幣代幣化，並用於以太坊區塊鏈技術，計畫將區塊

鏈技術用於銀行間的支付。作爲金融發展的領頭羊，新加坡對
ICO的政策可作爲ICO未來發展趨勢預測的重要參考。

　　MAS於2014年3月曾發表聲明，指出數位代幣本身不會受到
規範，但其中介機構必須遵守MAS關於防治洗錢及資助恐怖主
義的相關法規。2017年8月1日MAS發出公文表明其對於ICO的
立場，其採取的管制觀點大致與美國SEC的觀點相同，亦即ICO
是否應受到證券相關法規規範，必須取決於ICO發行的代幣的性
質。概念上MAS與美國SEC的態度相近，認爲ICO所發行的代幣
性質各異，因此是否適用證券相關法規必須個案判斷，如果代幣
符合證券期貨法（Securities and Futures Act）第289章所規範的
產品，則發行該等代幣前必須先向主管機關提交說明書，次級市
場交易平台也必須先經過MAS的核准。

四、台灣法律議題

　　從前開各國案例可以知道，ICO本身的發展已是無可避免，
探討ICO模式在我國現有證券法令下的定性已勢在必行，如此一
來，方能確定是否可以在台灣透過ICO合法地進行募資，且台灣
的民眾是否可以合法地參與ICO專案。

　　參考其他國家已研究或適用之法律規範，ICO在台灣是否應
受到現行有價證券募集與發行相關法規規範，需視ICO所發行的
代幣是否爲證券交易法（下稱「證交法」）下的有價證券而定。

　　台灣證交法對有價證券的認定採取「有限列舉、概括授權」的立法方式，目前法律所規範之有價證券包括政府債券、公司股票、公司債券及經主管機關核定之其他有價證券[15]，準有價證券則包括新股認購權利書、新股權利證書及前述有價證券之價款繳納憑證或表明其權利之證書。如果ICO發行的代幣權利內容即為前述有價證券所表彰之權利內容，只是改以代幣為權利表彰形式，則該ICO應會被認為是有價證券之募集與發行，從而有相關證交法規之適用。

　　然而，代幣可能依照發行者的設計而表彰不同權利，當ICO發行的代幣不符合現有明文規定的有價證券類型，但與有價證券同樣具備「投資性」而可歸類為「投資契約」時，以ICO向公眾發行代幣籌資將可能發生證交法有價證券募集相關規定的適用爭議。由於目前投資契約並非證交法列舉的有價證券，且主管機關僅以函釋方式承認「華僑或外國人在臺募集資金赴外投資所訂立之投資契約，與發行各類有價證券並無二致」[16]，台灣並未全面核定投資契約屬於有價證券。因此，於現行法令的架構下，發行投資性質代幣的ICO不當然會被認定為有價證券之募集與發行。

---

[15] 例如：認售權證（財政部（86）台財證（五）字第03037號函）、公司債券分割後之息票（金管會民國94年2月4日金管證一字第0940000539號函）、華僑及外國人在臺募集資金赴外投資所訂立投資契約係屬有價證券（財政部76年10月3日台財證（二）字第6934號函）等。

[16] 參見財政部76.10.3台財證（二）字第6934號函。

　　然而，需要提醒有關人士注意的是，台灣的各級法院仍有判決基於擴大管制的目的，將投資契約類型解釋爲股份認購等證交法列舉或主管機關已核定的有價證券，進而適用證券相關規定[17]，此等判決是否會因此影響主管機關的立法態度，目前仍不得而知。

　　除了證交法適用的爭議外，ICO項目於各國涉及刑事犯罪的詐欺或非法集資案件層出不窮。台灣刑法詐欺罪的客觀成立要件爲以「詐術」使人將本人或第三人之物交付，且ICO項目發起者須要有主觀犯意[18]，除非ICO項目發起者是基於詐欺故意，而以ICO方式包裝施行詐術的手段使人交付財物，該項目代幣表彰的權利自始不存在，否則ICO項目較難以刑事詐欺罪相繩。此外，在討論ICO項目刑事犯罪時，也須進一步確立刑事犯罪行爲地及損害發生地之管轄權判斷，實務上的調查相對容易受阻。

　　除了刑法規定的詐欺罪外，台灣銀行法規定非銀行不得經營收受存款[19]，也是ICO項目的有關各方，在設計ICO項目時需要注意的一環。所謂收受存款是指向不特定多數人收受款項或吸收資金，並約定返還本金或給付相當或高於本金之行爲[20]，且以

---

[17] 例如：台灣高等法院68年上易字第1752號判決。

[18] 刑法第339條：「意圖爲自己或第三人不法之所有，以詐術使人將本人或第三人之物交付者，處五年以下有期徒刑、拘役或科或併科五十萬元以下罰金。以前項方法得財產上不法之利益或使第三人得之者，亦同。前二項之未遂犯罰之。」

[19] 銀行法第29條第1項：「除法律另有規定者外，非銀行不得經營收受存款、受託經理信託資金、公眾財產或辦理國內外匯兌業務。」

[20] 銀行法第5條之1：「本法稱收受存款，謂向不特定多數人收受款項或吸收資金，並約定返還本金或給付相當或高於本金之行爲。」

借款、收受投資、使加入爲股東或其他名義，向多數人或不特定之人收受款項或吸收資金，而約定或給付與本金顯不相當之紅利、利息、股息或其他報酬者，同樣會被視爲收受存款行爲[21]。因此，如ICO項目有約定「返還本金或給付相當或高於本金之行爲」，或是「約定或給付與本金顯不相當之紅利」時，ICO項目即有可能被認定爲屬銀行法所規範的非法集資，違反相關法令之行爲人將受有三年以上十年以下有期徒刑，且於犯罪所得高於新臺幣1億元之案件，行爲人所面對的刑事責任爲十年以上之有期徒刑，風險極高。

五、小結

由各國的立法進程可以窺知，ICO急速發展已帶給各國法規上的規範壓力，甚至爲了避免ICO模式包裝的詐欺，有的國家已大刀一揮將所有ICO項目列爲非法行爲，然而這樣的政策是否有因噎廢食之嫌，仍值得討論。某些國家雖然對ICO仍採取觀望態度，但已願意開放部分區塊鏈相關活動，例如：作爲全世界63%比特幣交易的發生地，日本已修改「支付服務法案」承認加密貨幣爲合法交易工具，並在2017年9月核發11家業者比特幣交易所執照；加拿大則認爲如從事者爲涉及法定貨幣的虛擬貨幣交

---

[21] 銀行法第29條之1：「以借款、收受投資、使加入爲股東或其他名義，向多數人或不特定之人收受款項或吸收資金，而約定或給付與本金顯不相當之紅利、利息、股息或其他報酬者，以收受存款論。」

易，交易所應申請金融服務事業（Money Service Business，簡稱MSB）相關執照。至於對ICO項目持開放態度的國家，要如何在鼓勵ICO發展，與保障參與者權益的調和中，找到平衡點及定位，更值得各方關注。

　　我國主管機關雖然尚未就ICO模式提出明確規範，但目前主管機關已開始關注ICO議題，一旦主管機關將ICO發行的代幣認定為有價證券，未依照證交法程序進行ICO即屬違法。由於台灣主管機關對ICO的態度尚不明確，現階段ICO項目的設計上最好避免落入投資契約的要件，僅以不具備投資性的權利連結代幣。此外，參酌目前美國SEC之實務操作，可知ICO的白皮書內容極可能成為監理主管機關決定代幣是否應被認定為有價證券，而適用證券相關法規，或是認定代幣發行是否涉及其他違法情事之重要判斷標準，ICO項目的發起者與律師亦應仔細斟酌白皮書條款之設計，避免保證還本或約定與本金不相當的紅利等規劃，以防誤觸刑法及銀行法等法規禁令。ICO項目的有關各方，更應時時注意主管機關的態度，以便調整項目內容，免得衍生不必要之糾紛，或受有刑事責任之風險，得不償失。

2 虛擬貨幣之洗錢防制介紹

谷湘儀／李偉琪

一、前言

虛擬貨幣（Virtual currencies），係指一種價值的數位呈現（digital representation of value），非由任何國家之中央銀行或存款機構所發行或保證，有自己的計價方式與單位[1]；而將所有相關資訊利用如區塊鏈（Blockchain）之去中心化技術加密保存者，又稱為加密貨幣（Cryptocurrencies）[2]。目前，流通中的加密貨幣超過1000種，總市值逾美金1,520億元[3]。其中，市值最高、交易量最大者，非比特幣（Bitcoin）莫屬[4]。依據CoinMarketCap網站統計，比特幣目前市值逾美金950億元，日交易量占所有同類虛擬貨幣超過50%[5]，堪稱最具代表性的虛擬貨幣。

比特幣等虛擬貨幣並不歸屬於任何政府、金融機構或企業組

---

[1] IMF Staff Discussion Note, Virtual Currencies and Beyond: Initial Considerations (2016), available at https://www.imf.org/external/pubs/ft/sdn/2016/sdn1603.pdf.
[2] 同上註。
[3] Coinmarketcap網站https://coinmarketcap.com/（最後瀏覽日：2017/10/24）。
[4] 2017年8月1日，比特幣（Bitcoin）分裂出新的虛擬貨幣「Bitcoin Cash」，目前Bitcoin Cash之交易量及市價均未超越比特幣。
[5] 同上註3。

織，不受國界、時差或交易時間之限制，使用者無需揭露眞實姓名，且比特幣交易不須經過金融機構，帳戶不會遭政府或銀行凍結，甚至連手續費都比傳統的金流機制便宜，可謂一種完全脫離現有金融體制的新型態支付方式，爲數位金融時代開啓了新的一頁，但同時也爲犯罪行爲、恐怖分子提供了移轉及儲存不法資金的管道。防制洗錢金融行動工作組織（The Financial Action Task Force，下稱「FATF」）2014年起即陸續公布相關報告，強調虛擬貨幣對洗錢防制及防制資助恐怖分子活動之各項風險，並建議各國政府評估並採取相關管制措施。本文即以比特幣爲例，介紹虛擬貨幣何以成爲各國洗錢防制之焦點，並分析我國現行對於虛擬貨幣之洗錢防制。

二、比特幣不是貨幣？

2008年，一篇名爲〈比特幣：一種點對點的電子現金系統〉（Bitcoin: A Peer-to-Peer Electronic Cash System），在一個密碼學的社群發表，提出了一種以點對點技術達成的電子現金，使線上支付得直接由一方到達他方，中間不需經過任何金融機構（即「去中心化」（decentralized））[6]。比特幣雖稱爲「幣」（coin），但實際上並沒有任何物的實體，只是一串數字

---

[6] 參見Satoshi Nakamoto，Bitcoin: A Peer-to-Peer Electronic Cash System (2008), available at https://bitcoin.org/bitcoin.pdf。

及字母，其價值建立在交易雙方之合意上，本身並不具有任何
價值；比特幣的交付或轉讓，簡單來說，只係利用公開的分類帳
（ledger）在帳戶間做數字的增減。故就比特幣法律性質的理解
上，比特幣其實與線上遊戲的遊戲幣或虛擬寶物較為近似。

2013年12月30日，中央銀行與金融監督管理委員會聯合發
布標題為「比特幣非貨幣，接受者請注意風險承擔問題」的新聞
稿[7]，公開宣示比特幣並非貨幣，並將比特幣定性為數位「虛擬
商品」。至此，比特幣在台灣的法律性質、管制方向以及課稅方
法[8]可謂「暫時的」被確立[9]。

三、比特幣之洗錢防制風險

比特幣目前仍為世界上使用最廣泛的加密貨幣，可兌換為
法定貨幣，且不受政府、金融機構監管，無國界及時間限制，

---

[7] 「比特幣並非貨幣，接受者務請注意風險承擔問題」，2013年12月30日，http://
www.cbc.gov.tw/ct.asp?xItem=43531&ctNode=302。
[8] 「比特幣交易 要課所得稅」，經濟日報，2014年3月31日，http://paper.udn.com/
udnpaper/PID0008/255828/web/#2L-4639140L。
[9] 故比特幣之交易類型，得簡單分為下列兩種：
（一）以比特幣為交易標的
以比特幣為交易標的之行為，係指當事人一方向他方支付法定貨幣，以換取比特
幣之行為。依照央行及金管會對比特幣之「虛擬商品」定性，以比特幣為交易標
的之交易，法律關係應與數位商品買賣行為相同（即買方交付金錢，賣方交付商
品），除合約另有特別約定外，適用我國民法買賣相關規定。
（二）以比特幣為對價
如當事人約定，以比特幣作為提供商品或服務之對價，由於比特幣本身亦屬於商
品之一種，故該買賣於法律性質上應屬於一種「以物易物」之互易交易。依據我
國民法第398條規定：「當事人雙方約定互相移轉金錢以外之財產權者，準用關
於買賣之規定。」準此，以比特幣為對價之交易行為，法律關係雖為互易，但相
關規定仍與買賣相同。

交易即時性，甚至具有相當程度之匿名性，成為遭信用卡公司拒絕服務的非法網站、勒索行為、恐怖主義行動等犯罪常見之支付工具。然而，比特幣之交易紀錄，自比特幣被礦工「挖出」之時起，即全部紀錄於公開之區塊鏈上，所有曾取得或經手之比特幣帳號均可清楚查知，只是該帳號無法直接與「個人」（individual）相連結而已，故比特幣又被稱為「偽匿名」（pseudo-anonymous）。為避免交易紀錄遭追溯，網路上已有相當多「洗」比特幣之工具或服務可以混淆比特幣之交易位址，讓比特幣交易難以被追蹤，例如Mixer（將所有交易與該比特幣位址連結，讓比特幣看起來不是來自於被駭之位址）、Tor（The Onion Router，透過多層加密，隱匿真正的位址）。

比特幣遭運用於犯罪領域最知名之案例為暗網[10]「絲路」（Silk Road），絲路係一個以交易毒品為主的購物網站，網站透過Tor加密，使買方得匿名在絲路上進行交易，並僅接受以虛擬貨幣為支付工具。2013年美國FBI強制關閉絲路，並以違反洗錢等規定起訴絲路創辦人Michell Espinoza（詳後述）。而台灣則於2016年破獲第一起比特幣洗錢案，嫌犯上網自學比特幣相關知識成立比特幣洗錢中心，專門協助電信詐騙集團贓款洗錢，以避免贓款遭到銀行凍結。嫌犯以網路銀行U盾結合比特幣帳戶交易，透過偽造大陸身分證及人頭配合視訊演出，騙過大陸比特幣

---

[10] 暗網（Dark net）為需要特殊程式或設定才能搜尋到的匿名網路。

交易平台實名身分認證機制，又為了避免日後身分遭到追查，使用超過5層的金流洗錢，將款項轉匯回銀聯卡後交由車手提領，該犯罪集團業已成功轉帳逾百萬人民幣[11]。

FATF於2014年6月之「虛擬貨幣——關鍵定義及潛在反洗錢／反恐怖主義金融風險」（Virtual Currencies: Key Definitions and Potential AML/ CFT Risks）報告中指出，可轉換（convertible）之虛擬貨幣因可轉換為法定貨幣或其他虛擬貨幣，因下列因素而易有洗錢及恐怖主義金融濫用之風險：

（一）相較於傳統之非現金支付途徑更有匿名性：例如，比特幣位址不與姓名或個人資訊連結，且去中心化的系統設計，沒有任何系統提供者或中央伺服器，不受監管，相較於傳統的信用卡或線上支付系統更有匿名性。

（二）延伸至世界的流通性：虛擬貨幣系統可透過網際網路於世界連線登入，並可用於跨國交易之支付或轉帳。

（三）虛擬貨幣系統之基礎設備遍布於不同國家，增加執法困難：虛擬貨幣之系統可能散布於世界多個國家，增加各國監管

---

[11] 內政部警政署165反詐騙宣導資料https://www.google.com.tw/url?sa=t&rct=j&q=&e src=s&source=web&cd=5&ved=0ahUKEwj86teVpezRAhXMKZQKHX6YAvwQFggs MAQ&url=https%3A%2F%2Fcsrc.edu.tw%2FFileManage%2FDownloadFile%3FMerg edId%3D515977571cd34ede8de3f5bbc67f7c76%26fileName%3D20160517103604-10 50517%25E5%2585%25A7%25E6%2594%25BF%25E9%2583%25A8%25E8%25AD %25A6%25E6%2594%25BF%25E7%25BD%25B2165%25E5%258F%258D%25E8% 25A9%2590%25E9%25A8%2599%25E5%25AE%25A3%25E5%25B0%258E%25E8 %25B3%2587%25E6%2596%2599.docx&usg=AFQjCNEkJ8VN33Mcj7hhPrkpMrviQ jwfyQ。

之職權疑義，且系統設置位於無適足反洗錢法令之國家，易生管制漏洞。

四、只規範洗「錢」的洗錢防制法？

洗錢（Money Laundering），係指將犯罪之不法所得（如搶奪之財務、贓款），透過移轉（placement）、掩飾隱匿（layering）、回流合法交易市場流通（integration）之方式「洗淨」，由於傳統犯罪之犯罪所得一般不外乎金錢、貴金屬、珠寶等，故傳統上洗錢防制法之規制重點多著重於對可能經手或交易金錢、貴金屬等之銀行業、銀樓等之金融機構，以及其所涉之金錢相關交易。

（一）洗比特幣＝洗錢？

2016年，美國佛羅里達州法院駁回一起涉及利用虛擬貨幣進行洗錢之起訴[12]。該案中，警察以秘密調查之方式，接近一名比特幣販賣業者Espinoza及向其購買比特幣，並逐次增加購買額度。過程中，警察曾向該業者透露欲使用購得之比特幣來購買來自俄羅斯遭竊取之信用卡卡號，並詢問Espinoza是否能夠接受。在其僅回應會考慮之後，警察隨後即與其安排價值美金30,000元之比特幣交易，檢察官嗣以Espinoza明知交易對象將利用購得之

---

[12] 美國對於洗錢防制，乃係委由各州立法之方式進行規範。

比特幣進行非法行為卻仍出賣比特幣，構成州法之洗錢防制相關禁止規定為由，起訴Espinoza。惟法院審理後認為，比特幣並不屬於州洗錢法下「金融交易」（Financial transaction）中移轉之「貨幣工具」（Monetary instruments），因此Espinoza販賣比特幣予欲進行非法行為之人之行為不該當洗錢中必備之「金融交易」，而無違法之嫌。此案雖仍處於可上訴之狀態，但佛羅里達州為填補州法對於虛擬貨幣在洗錢防制上之漏洞，已於2017年通過洗錢法之相關修正規定，將虛擬貨幣納入金融交易之貨幣工具範圍內，並對虛擬貨幣予以定義[13]，期能遏止以虛擬貨幣作為洗錢工具之狀況。

　　而我國現行洗錢防制法第2條規定，洗錢，係指：1.意圖掩飾或隱匿特定犯罪所得來源，或使他人逃避刑事追訴，而移轉或變更特定犯罪所得；2.掩飾或隱匿特定犯罪所得之本質、來源、去向、所在、所有權、處分權或其他權益者；3.收受、持有或使用他人之特定犯罪所得。而所謂「特定犯罪所得」，係指犯第3條所列之特定犯罪而取得或變得之財物或財產上利益及其孳息。換言之，我國洗錢防制法所謂之「洗錢」，係指利用不知情之合法管道進行，且有使重大犯罪所得財物或利益之來源合法化，或改變該財物或利益之本質，以避免追訴處罰所為之掩飾或藏匿行

---

[13] 美國佛羅里達州新洗錢法規定：http://www.leg.state.fl.us/STATUTES/index.cfm?App_mode=Display_Statute&URL=0800-0899/0896/0896.html（最後瀏覽日：2017/10/2）。

為[14]，並非以特定之洗錢方法或途徑為規範標的，從而，比特幣雖非我國法定貨幣，以「比特幣」作為掩飾或隱匿犯罪所得財物或財產上利益之途徑，並不能排除洗錢防制法之適用[15]。

（二）比特幣交易所＝金融機構？

比特幣雖然無實體、無中央管制或發行機構，透過網際網路於世界流通，無須「落地」，而不受特定國家或政府管制，然而並非所有比特幣的使用者，均有下載比特幣相關程式之知識與技術，為使一般民眾有更簡便快速的途徑從事比特幣相關交易，「交易所」（exchanger）及「錢包提供者」（wallet provider）應運而生。交易所，是指以提供比特幣與法定貨幣、其他虛擬貨幣等兌換交易為營業，並收取手續費之人或公司[16]；錢包提供者，則係指提供應用軟體或機制用以持有、儲存或移轉比特幣之人或公司[17]。而交易所及錢包提供者一般為公司組織，有其設立登記之國家，有清楚的管轄權歸屬，亦成為各國進行比特幣相關管制之頭號規範對象。

FATF於2015年6月提出「一個以風險為基礎之解決方法之

---

[14] 最高法院105年台上字1101號刑事判決參照。
[15] 前述台灣破獲之第一起比特幣洗錢案，亦於今年經臺灣新北地方法院105年度金重訴字第8號判決認定構成洗錢罪在案。
[16] 防制洗錢金融行動工作組織（FATF）2014年6月「虛擬貨幣——關鍵定義及潛在反洗錢／反恐怖主義金融風險」（Virtual Currencies: Key Definitions and Potential AML/CFT Risks）報告，頁7。
[17] 同上註。

指導方針——虛擬貨幣」（Guidance for a Risk-Based Approach: Virtual Currencies）指出，虛擬貨幣之洗錢防制主要著眼在控制虛擬貨幣進入受規範金融體系之途徑，以藉此達到防制洗錢之目的。由於虛擬貨幣交易所可移轉金錢價值進出法定貨幣及金融體系，因此理所當然成爲洗錢防制之主要管制對象。不過指導方針同時亦說明，虛擬貨幣之洗錢防制應僅管制虛擬貨幣及金融體系之「節點」（nodes），尚不需擴張到使用者獲得虛擬貨幣買賣商品或服務之行爲[18]。

　　FATF於指導方針中將虛擬貨幣交易所及錢包提供者納入其定義之「金融機構」（Financial Institutions）範圍內[19]，使其須適用與金融機構相當之洗錢防制規範。在管制建議上，可依建議對象區分成「國家及主管機關」及「受規範實體」兩個部分。適用於「國家及主管機關」之建議，主要爲[20]：1.辨認、了解及評估虛擬貨幣交換業者之洗錢風險以決定是否對交換業者進行管制；2.協助及配合針對虛擬貨幣支付產品及服務（VCPPS，即 Virtual Currency Payment Products and Services）之反洗錢及打擊資恐政策（例如政策研發、監督等）；3.對提供金錢價值移轉服務者建立註冊或許可制度，並確保其遵守反洗錢及打擊資恐規

---

[18] FATF 2015年6月「一個以風險爲基礎之解決方法之指導方針——虛擬貨幣」（Guidance for a Risk-Based Approach: Virtual Currencies）報告，頁6。
[19] 依FATF之定義，金融機構係指：「Any natural or legal person who conduct as a business one or more of several specified activities for or on behalf of a customer.」，同上註，頁6。
[20] 同註18，頁8-11。

定；4.辨認及評估發展新商品及新商業方式之洗錢資恐風險。同時亦需確保金融機構在發行新商品、新商業行為或使用新技術及發展技術時，有採行妥適之方法管理與減低洗錢風險；5.確保當虛擬貨幣交換業者採行電匯轉帳方式進行交易時，必須要包含符合建議之匯款人及受益人資訊。此外，亦應確保金融機構監控虛擬貨幣之移轉以發現前述資訊之欠缺；6.確保所有扮演節點之虛擬貨幣交換業者受法規規範及監督；7.由於虛擬貨幣之交易具有匿名性，且區塊鏈上之交易記錄亦非必然連結至真實世界之身分，故應檢視此些特性對執法帶來之影響，並採取適當之回應措施；8.因虛擬貨幣支付產品及服務（VCPPS）有涉及跨境交易之可能，故需提供有效率且有效之國際合作，互相幫助以降低洗錢及資恐之風險。

適用於「受規範實體」之建議，主要為[21]：1.國家應要求包含虛擬貨幣交換業者在內之金融機構及非金融機構辨認、評估及採行有效方法降低洗錢及資恐風險；2.國家應要求虛擬貨幣交換業者於建立商業關係或執行偶然交易時，利用可信賴、獨立來源之文件、資訊確認顧客身分[22]。此外，國家亦需要求金融機構及非金融機構注意移轉至虛擬貨幣支付產品及服務（VCPPS）

[21] 同註18，頁12-14。
[22] 由於虛擬貨幣之交易多係在網路上實行且多倚賴非面對面之身分認證，故在實行上應可考慮以下方式：自消費者處取得可支持之身分資訊、追蹤使用者之IP位置、於網路上搜尋符合消費者交易內容之可證明活動資訊（但資料蒐集須符合該國隱私政策）。

之匿名資金來源；3.金融機構及非金融機構需維持辨認交易方資訊、帳戶資訊、移轉額度等交易記錄，同時負有申報可疑交易之義務；4.要求金融機構或非金融機構辨認及評估有關發展新商品或新商業行為之洗錢資恐風險。此外，亦要求金融機構及非金融機構於發行新商品或新商業行為、或使用新技術或發展技術時，採取適當之方法管理及降低風險。

　　以日本為例，由於日本在2014年曾發生比特幣業者Mt. Gox破產之事件，使主管機關意識到比特幣之交易有受管理之必要，再加上FATF對各國發布課予虛擬貨幣業者登錄制度、確認客戶身分和保存交易記錄等洗錢防制之指導方針，故日本於2017年開始施行新修訂之「關於資金支付之法律」（資金決済に関する法律，以下稱「支付法」）及「關於防止犯罪收益移轉之法律」（犯罪による収益の移転防止に関する法律，以下稱「犯收法」）。於支付法中定義「虛擬貨幣」[23]及「虛擬貨幣交換業」[24]，同時制定虛擬貨幣交換業者須先向政府申請登錄始能進行虛擬貨幣交換業之制度[25]，並針對虛擬貨幣交換業者之業務管

---

[23] 支付法第2條第5項。
[24] 支付法第2條第7項。
[25] 支付法第63條之2至第63條之7。如未辦理申請即進行虛擬貨幣交換業務，依支付法第107條第5款，將處行為人三年以下有期徒刑、科或併科300萬日圓以下罰金。

制[26]、監督[27]、業者團體相關規定[28]、罰則[29]，將虛擬貨幣交易納入既有之支付法中管制。因此，日本於2017年之修法，係將虛擬貨幣定義為一種可利用之支付方法，並非視為日本之法定貨幣[30]。於清楚界定虛擬貨幣及虛擬貨幣交換業後，日本針對虛擬貨幣洗錢防制之規範方式，即採取將支付法中定義且受其規範之虛擬貨幣交換業者納入犯收法中負擔洗錢防制義務主體之「特定業者」中[31]。因此犯收法所規定之確認本人義務[32]、確認紀錄之製作與保存義務[33]、交易紀錄之製作與保存義務[34]、對可疑交易之報告義務[35]等，均為虛擬貨幣交換業者進行虛擬貨幣交換業務時必須實行之洗錢防制義務。

　　而中國對於虛擬貨幣業者之管制態度，自2013年起，有鑒於比特幣交易在中國之熱絡程度，中國由五個部門（中國人民銀行、工業和資訊化部、中國銀行業監督管理委員會、中國證券監督管理委員會、中國保險監督管理委員會）聯合發布「關於防範

---

[26] 支付法第63條之8至第63條之12。
[27] 支付法第第63條之13至第63條之19。
[28] 支付法第87、88、90、91、92、97條。
[29] 支付法第107條至第109條、第112條至第117條。
[30] 中崎尚、河合健，仮想通貨に関する国会提出法案について，アンダーソン・毛利・友常法律事務所法律情報，2016年3月，第1頁（瀏覽網址：http://www.amt-law.com/pdf/bulletins2_pdf/160318.pdf，最後瀏覽日：2017/9/7）。
[31] 犯收法第2條第2項第31款。
[32] 犯收第4條。
[33] 犯收法第6條。
[34] 犯收法第7條。
[35] 犯收法第8條。

比特幣風險的通知」[36]，明確定義比特幣非屬法定貨幣，並要求
金融機構及支付機構不得提供與比特幣相關之服務（例如以比特
幣為產品定價、為客戶提供比特幣之交易、儲存、結算、與人民
幣兌換等服務等）。而對於提供比特幣交易服務之網路業者，該
通知要求其等須向主管機關備案，並應履行識別用戶身分及採取
實名註冊等防制洗錢義務，此外，亦課予金融機構、支付機構、
提供比特幣交易服務之網路業者於發現可疑交易時向主管機關報
告之義務。惟隨著比特幣投資不斷擴張之熱潮，市場上代幣發行
融資（如首次代幣發行，ICO）之活動亦因而大量出現，政府為
免不肖之徒藉此炒作虛擬貨幣，影響金融秩序，遂於2017年9月
由七個部門（中國人民銀行、中央網信辦、工業和資訊化部、工
商總局、銀監會、證監會、保監會）聯合發布「七部門關於防範
代幣發行融資風險的公告」[37]，要求代幣融資交易平台不得從事
法定貨幣與虛擬貨幣間之兌換業務，甚至於數日後傳出政府將採
行加強取締所有虛擬貨幣業者之政策，導致包括中國最大之比特
幣交易所「比特幣中國」在內之數個比特幣交易平台業者停止所
有虛擬貨幣交易之服務。

　　就我國而言，依據現行洗錢防制法規定，負擔洗錢防制義
務之主體大致可分為「金融機構」與「非金融機構」。金融機構

---

[36] 瀏覽網址：http://www.gov.cn/gzdt/2013-12/05/content_2542751.htm（最後瀏覽日：
　　2017/10/26）。
[37] 瀏覽網址：http://www.miit.gov.cn/n1146290/n4388791/c5781140/content.html（最後
　　瀏覽日：2017/10/26）。

之範圍，依第5條第1項之規定，係指以下機構：「一、銀行。
二、信託投資公司。三、信用合作社。四、農會信用部。五、漁
會信用部。六、全國農業金庫。七、辦理儲金匯兌之郵政機構。
八、票券金融公司。九、信用卡公司。十、保險公司。十一、證
券商。十二、證券投資信託事業。十三、證券金融事業。十四、
證券投資顧問事業。十五、證券集中保管事業。十六、期貨商。
十七、信託業。十八、其他經目的事業主管機關指定之金融機
構。」[38]而非金融機構，係指「指定之非金融事業或人員」，依
第5條第3項規定，為從事銀樓業、地政士等事業或人員[39]。按此
規定，可知在我國法下，非金融機構中，僅有經法律或主管機關

---

[38] 另外，依經濟部之函釋，其曾經指定「第三方支付服務業」為適用修法前洗錢防
制法中有關金融機構之規定（103年2月19日經商字第10202146100號函）。因此
如虛擬貨幣業者於公司設立時，亦登記經營「第三方支付服務業」，其即須依洗
錢防制法負擔洗錢防制之義務（例如「比特之星」）。

[39] 洗錢防制法第5條第3項：「本法所稱指定之非金融事業或人員，係指從事下列交
易之事業或人員：
一、銀樓業。
二、地政士及不動產經紀業從事與不動產買賣交易有關之行為。
三、律師、公證人、會計師為客戶準備或進行下列交易時：
（一）買賣不動產。
（二）管理金錢、證券或其他資產。
（三）管理銀行、儲蓄或證券帳戶。
（四）提供公司設立、營運或管理服務。
（五）法人或法律協議之設立、營運或管理以及買賣事業體。
四、信託及公司服務提供業為客戶準備或進行下列交易時：
（一）擔任法人之名義代表人。
（二）擔任或安排他人擔任公司董事或秘書、合夥人或在其他法人組織之類似職
位。
（三）提供公司、合夥或其他型態商業經註冊之辦公室、營業地址、居住所、通
訊或管理地址。
（四）擔任或安排他人擔任信託或其他類似契約性質之受託人或其他相同角色。
（五）擔任或安排他人擔任實質持股股東。
五、其他業務特性或交易型態易為洗錢犯罪利用之事業或從業人員。」

指定之事業或人員，始須依洗錢防制法之規定負擔洗錢防制之義務。由於比特幣等虛擬貨幣的交易所及錢包提供者並非現行洗錢防制法規定之「金融機構」，目前亦未受主管機關指定為「指定之非金融事業或人員」，故就現階段而言，比特幣交易所及錢包提供者應尚不負洗錢防制法上之洗錢防制義務。

五、台灣虛擬貨幣業者之發展現況與自主管理機制

目前台灣主要之比特幣業者，分別為MaiCoin、BitoEX、比特之星，組織上均為有限公司。另依照經濟部之公示資訊，三家業者登記之營業項目多為零售業和資訊服務業，而此等業務均非屬須經主管機關許可之特許行業，從事之業務亦均為法定貨幣與虛擬貨幣之交換（交易所）及提供虛擬貨幣之儲存和發送（錢包服務）。

雖然提供之服務看似相同，但在法定貨幣與虛擬貨幣之交換業務上，業者間可再依其成交之方式劃分成「代買代售」及「撮合交易」兩種類型。前者係指由虛擬貨幣業者事先買入定量之虛擬貨幣，再依照會員欲買入或賣出虛擬貨幣之要求，按當時匯率價格相應做出等量虛擬貨幣之賣出或買入行為，MaiCoin及BitoEX即屬此類；後者係指由虛擬貨幣業者提供交易平台，讓會員於平台上各自就欲買入或賣出虛擬貨幣之數量及價格出價，虛擬貨幣業者僅於其中按交易守則約定之方法撮合雙方之買賣交

易，比特之星屬於此類。

　　惟無論何家業者，因均有提供虛擬貨幣儲存及發送之錢包服務，因此在虛擬貨幣之交易流程上，容易接觸到註冊會員轉換法定貨幣與虛擬貨幣之帳戶，故為FATF在洗錢防制上欲管制之對象。然由於目前台灣之比特幣交易所，尚非洗錢防制法規定之金融機構及非金融機構，且比特幣係去中心化之虛擬商品，其交易並不經過金融機構或非金融機構，而係透過網路直接在各節點進行分類帳的變更，自然無法藉由上開機構確認交易方身分、保留交易紀錄，甚至是事前向偵查機關進行通報。然而，部分比特幣交易所及錢包提供業者實際上均自行有就開戶或交易等設置限制規定，以達到某程度之洗錢防制。

　　如以「BitoEX」為例，使用者申請開戶時，須先於BitoEX網站上以自身之電子郵件及手機號碼進行註冊及驗證。註冊完成後便能取得屬於自己的虛擬貨幣錢包，此時使用者即能夠利用全家便利商店之「FamiPort」代收服務於BitoEX上購買小額之虛擬貨幣（新臺幣100元至20,000元），並進行接收與傳送虛擬貨幣之功能。如欲購買大額度虛擬貨幣或進行虛擬貨幣賣出交易者，便需綁定銀行帳戶及進行真實身分驗證。驗證與綁定完成後，使用者即能夠進行完全之虛擬貨幣買賣功能。在交易部分，雖然業者並未特別就交易流程或條件設有洗錢防制之規範，不過依據其使用者條款所示，業者會對進行可疑交易活動之帳戶予以凍結，並要求消費者提出包括認證文件等之資訊以供業者進行後續處

理。另外，業者亦保有於發現其使用者之帳戶發生洗錢行為時得立即終止使用服務之權利。

　　未來台灣應如何控管虛擬貨幣交易，以降低虛擬貨幣被濫用於洗錢之危害，FATF之建議及日本之管制方法似可作為參考之借鏡。FATF及日本均係將虛擬貨幣業者納入洗錢防制法中須負擔洗錢防制義務之主體，透過其等負擔洗錢防制之客戶審查、可疑交易通報義務等方式，達到防制會員利用虛擬貨幣洗錢之效果。中央銀行總裁彭淮南亦於2017年10月25日受訪時表示，應將虛擬貨幣業者納入洗錢防制之通報系統中[40]。由此看來，將虛擬貨幣業者加入洗錢防制法中之義務主體，將會係台灣未來虛擬貨幣洗錢防制之政策走向。不過此種方式僅能規範到台灣境內交易所之洗錢危害，對於不在交易所進行之虛擬貨幣交易，仍有因匿名之特性而難以掌控之困難[41]。至於如中國自2017年10月起，採取完全禁止虛擬貨幣業者提供虛擬貨幣交易服務之管制態度，則可能讓虛擬貨幣交易遁入地下化，可能反而使得政府在洗錢防制上變得更加難以掌握及執行。

---

[40] 瀏覽網址：http://www.upmedia.mg/news_info.php?SerialNo=27552，最後瀏覽日：2017/10/25）。

[41] 有論者認為，應先立法要求所有虛擬貨幣之交易帳戶及交易記錄實名揭露，始有辦法解決虛擬貨幣交易匿名性在洗錢防制實行上造成之困難（瀏覽網址：https://www.ettoday.net/news/20171025/1038654.htm?t=%E5%BD%AD%E6%B7%AE%E5%8D%97%E6%83%B3%E7%AE%A1%E6%AF%94%E7%89%B9%E5%B9%A3%EF%BC%9F%E5%8B%A4%E6%A5%AD%E7%9C%BE%E4%BF%A1%E8%B3%87%E5%AE%89%E5%B0%88%E5%AE%B6%E8%90%AC%E5%B9%BC%E7%AD%A0%EF%BC%9A%E5%8F%AF%E5%8F%83%E8%80%83%E6%97%A5%E6%9C%AC，最後瀏覽日：2017/10/26）。

六、結語

世界各國的金融體制長期以來受到高度監管，且隨著科技進步，監管之密度及層面越趨嚴謹，比特幣的出現，突破了各國政府對金融體制布下的天羅地網，打破了世人對支付方式之認識，甚至提供了一個建構更快速、更低成本、更平等且更全球化的金融體系的途徑。然而，在突破現有體制的同時，也會面臨無法受到監督與管制的隱憂，使比特幣等虛擬貨幣成為從事洗錢、犯罪等不法行為人利用之工具。也因此，比特幣等虛擬貨幣的洗錢防制，成為目前世界各國金融政策關切之焦點。

起源於網路世界，且透過網際網路交易的比特幣，對各國政府而言存在著根本的管轄權爭議，故目前制度上主要是透過對「落地」的交易所或錢包提供者之管制，要求其客戶開戶應為實名制，以掌握比特幣持有者之真實身分。惟管制比特幣交易所及錢包提供者並無法全面掌控所有的比特幣使用者，且目前已有越來越多可以提供比特幣錢包、比特幣交易匿名性之程式出現，甚至是放在網路上供人免費下載使用，提供比特幣使用者不受監管、匿名交易的空間。

曾經有提供隱藏比特幣使用者真實身分的匿名程式開發人員於受記者訪問時表示，他們認為每個人都有權利在不受政府干涉的情況下交易，且每個人都有權不讓其他人知道他們在網路上買了什麼，縱使是恐怖分子或極端主義者也有使用匿名程式或其他

科技的權利,且他們也有使用網路、言論自由,這是大家都接受
的一種取捨(trade off)。由此可見,比特幣的管制問題,可能
遠比傳統的金融管制來的複雜,實有待後續之發展與觀察。

3 共享經濟與法律調和之展望

廖婉君／張嘉予／辛宇

科技的日新月異也迎來各式新型態的商業模式快速蓬勃發展，而「共享經濟」的概念已全盤顛覆現有的消費習慣。過往，只有企業投入大量資本以發展核心技術等方式得以開展生意版圖，如今，因共享經濟平台活絡，民眾只要有一輛車、一個停車位、一台洗衣機，甚至只要有空閒時間，就可以藉由共享經濟平台的媒合，為願意支付費用的消費者提供適當的服務。至於消費者端，也因共享經濟的服務提供者之成本較傳統企業低廉，而得以更經濟實惠的價格取得傳統企業能提供之各項服務。此一新型態的商業模式，已直接且快速的衝擊人們的生活，更對傳統企業及主管機關帶來嚴峻挑戰。

由於新型態的共享經濟已完全顛覆原有的消費模式，且其所涉及的影響層面十分廣泛，不同的商業模式、國情、文化及社會問題等，都會衍生出不同的法律調和方式，而各國主管機關間就此新興商業模式的態度各異，不一而足，故本文擬先介紹共享經濟於國際間的發展，並說明此種新型態商業模式於台灣落地的發展情形，可作為日後發展共享經濟之參考。

一、國際間發展進程

（一）歐盟

　　歐盟於2016年6月2日發表了歐盟共享經濟議程[1]（下稱「歐盟議程」），以之作爲共享經濟相關議題的指導原則[2]，希望能從消費者權益、經營者立場、保護市場平衡、公平競爭等各項法規調合中取得平衡。

　　歐盟議程首先嘗試定義「共享經濟」[3]，其援引歐盟委員會之見解，認爲共享經濟是指「藉由共享平台，創造使私人提供短暫使用商品或服務公開交易市場的企業模式」[4]，然而，因共享經濟模式眾多，不易加以定義。爲此，歐盟議程試圖提出一概念爲共享經濟做結，亦即：共享經濟是將傳統交易中所有權的移轉，改爲使用權的暫時移轉[5]。

　　此外，歐盟議程提出下列共享經濟相關的五項議題：

[1]　A European Agenda of the Collaborative Economy
[2]　原文：The agenda is to serve as legal guidance and policy orientation to Member States to help ensure balanced development of the collaborative economy across the EU and is aimed at supporting confident consumer, business, and public authority participation.
[3]　歐盟議程就共享經濟採用的英文爲collaborative economy。
[4]　原文：business models where activities are facilitated by collaborative platforms that create an open marketplace for the temporary usage of goods or services often provided by private individuals.
[5]　歐盟議程也指出有專家認爲共享經濟是一不正確的名詞，應以平台經濟稱之較爲妥適。

1. 進入市場的資格（market access requirement）

　　除非有明顯違反公益的狀況，否則歐盟議程認為服務提供者不應受到進入市場資格的限制。此外，因共享平台僅為居間搓合交易的平台，應無須受此規範。**然而，歐盟議程同時認為歐盟成員國應區分無固定時間提供服務之個人及經常性提供服務之執業者，以判斷是否就進入市場的資格而有不同的限制[6]。**

2. 責任機制（liability regimes）

　　於下述前提，歐盟電商守則（e-commerce directive）豁免了共享平台的中間責任：(1)共享平台提供之服務為純技術性，自動性和被動性，且(2)共享平台對於其網站所貯存之不法資訊不知情，或於知悉後即時移除或使該資訊連結無效。

　　然而，就共享平台自行提供之服務（如付款服務），共享平台不得免責。

3. 使用者保護（protection of users）

　　歐盟委員會提醒歐盟成員國應高度保護消費者免受不公平的商業行為侵害，但同時，各國不應施加不合理的義務予服務提供者（亦即不定時提供服務之個人）。另，歐盟的消費者及行銷相關法律本是為保護B2C的經營模式（指消費者及企業經營者間），而排除了C2C的適用。因此，就是否適用歐盟消費者及行

---

[6]　歐盟法律並未有定義以明確區分無固定時間提供服務之個人或經常性提供服務之執業者。

銷相關法律時，應實質判斷該共享經濟業者的經營模式爲B2C還是C2C（如以提供服務的頻率、追尋利潤的動機、客流量等因素觀之）。此外，共享平台應提醒消費者，其在B2C的模式下仍受歐盟消費者及行銷相關法律之保護。

4. 自僱勞工（self-employed and workers）

　　共享經濟平台與參與服務提供者之間是否符合勞工定義係採個案認定，歐盟委員會提出以下三個主要標準供會員國參酌：(1)從屬關係是否存在；(2)工作性質；(3)報酬是否存在。

　　歐盟議程明文指出縱使某些狀況並不符合歐盟對於勞工之定義，各會員國仍得依當地國法令去擴張解釋。一旦符合定義，歐盟的勞工相關法令即會適用（包括了勞工健康安全、年假、休息時間、夜間工作等最低標準）。此外，歐盟委員會也要求各會員國應於國內制定符合共享經濟勞工關係之法令指導原則。

5. 稅務（Taxation）

　　歐盟委員會鼓勵會員國利用共享平台徵收稅捐，如於住宿相關的共享平台在收款時得一併徵收觀光稅。另，會員國應就不同的服務課與相對應的稅捐義務，且有關人員應清楚的被告知稅捐義務之內容（包括勞僱關係相關之稅賦）。此外，共享平台應主動與國稅局合作，建立稅賦資訊交換的機制（同時仍須符合歐盟個人資料保護的法規）。最後，會員國應該要致力於簡化、減輕行政負擔、透明化稅賦法規，並發布有關共享經濟模式稅捐的指

導原則。

　　歐盟議程最後以UBER公司在西班牙法院及比利時法院的案例指出，共享經濟業者的定位究竟爲共享平台或爲服務提供者仍有爭議。歐洲法院就此爭議於2017年12月20日裁定表示，UBER提供個人與非專職司機媒合服務，屬於運輸服務之範圍，否定了UBER認爲其屬於數位平台業者之主張[7]。由此案例可見共享經濟的服務類型定位仍存疑義，目前需仰賴法院或主管機關的判斷，凸顯了法令規範的不確定性，亦導致共享經濟業者仍無所適從。

（二）日本

　　因日本面臨人口衰退、高齡化及發展集中化之問題，如何調動資源達到最大效益成爲日本地方政府的首要問題。近來，爲解決共享經濟的相關議題，日本共享經濟協會（Sharing Economy Association, Japan，簡稱「SEAJ」）應運而生，希望透過協會的力量提高各種環境中的資源運用效率。

　　依據日本總務省2016年施政白皮書之統計，預估2018年日本共享經濟市場的市值將達462億日圓[8]，代表共享經濟日趨興盛，且逐漸形成全新的產業型態。目前日本的共享經濟平台主要分爲五個類型，包括空間共享（Space sharing）、物品共享

---

[7] Uber dealt blow after EU court classifies it as transport service：https://www.reuters.com/article/us-uber-court/uber-dealt-blow-after-eu-court-classifies-it-as-transport-service-idUSKBN1EE0W3 (最後瀏覽日：2017年12月22日)。

[8] White Paper 2016 Ministry of internal Affairs and communications Japan.

（Goods sharing）、交通共享（Mobility sharing）、技能共享
（Skill sharing）與金融共享（Money sharing）。有鑒於日益興
盛的共享經濟平台持續衝擊日本傳統產業，SEAJ遂主辦共享經
濟工作坊，推動當地公司加入成爲共享經濟會員，強化政府對於
共享經濟的理解，同時大量招募企業加入SEAJ成爲共享經濟成
員，至今已有194個企業會員加入該協會。

(1) 共享經濟之社會功能性：SEAJ認爲共享經濟平台可以創
造就業機會、在人口稀少的地區創造交通工具共享、或是透過滿
足住宿需求以振興旅遊事業，各平台均具備解決不同地區性社會
問題之功能，如人力資源仲介平台可以提供年輕族群與女性族群
新的工作機會、孩童服務相關平台可以建立對扶養孩童友善的環
境，或是大眾運輸相關平台可以爲人口稀少地區創造大眾運輸替
代方案等。

(2) 共享城市計畫：爲有效解決地區性的社會問題，SEAJ
於2017年啓動共享城市計畫，並與地方政府洽談，推行之初有5
個城市加入（島原市、多久市、浜松市、千葉市、湯沢市），而
2017年6月澀谷市也隨即宣示成爲「共享城市」之一。這些共享
城市的地方政府均寄望藉由利用共享經濟服務達到解決社會問題
之功能，包括社會福利、觀光行銷、創造工作機會、公共建設及
空屋閒置利用。此計畫預計將使擁有較多資源的人得以釋出暫不
使用的資源予需要的人，藉此降低地方政府的負擔。

(3) 推行共享經濟信賴標章（Sharing Economy Trust

Mark）：SEAJ認爲，許多日本居民不願意利用共享經濟服務的原因在於「擔心遭遇意外或問題時沒有支援或解決方案」。因此SEAJ主動開始推行「共享經濟信賴標章」，目的在消弭消費者利用共享經濟服務時的不安。此標章係透過第三方認證，表彰消費者若利用該服務時發生意外或問題時，共享經濟服務業者將會主動負責，並藉由網路評價系統分享消費者體驗，且經認證的共享經濟服務業者也必須爲消費者提供合於法規的保險。

(4) 日本政府對於共享經濟平台之態度：面對共享經濟平台衝擊傳統產業，依據產業特性之差異，日本政府對不同的共享經濟平台採取不同之態度，本文酌以Airbnb及UBER爲例介紹之：

1. Airbnb就地合法

Airbnb在日本的發展曾遭遇諸多政策阻礙，然而依據日本政府觀光局（JNTO）之統計資料，2016年之外籍旅客訪日人數高達2400萬人次[9]，由於大量的外國旅客訪日造成部分都市存在龐大的住宿需求，依據統計目前日本東京住房率高達九成。而2020年日本舉辦的東京奧運則意味著更大的住宿需求，東京市區勢必將面臨住宿不足之困境。

爲解決旅館不足的問題，原本對Airbnb採消極態度的日本政府遽然轉變，並於2016年1月開始，以東京都大田區作爲測試，開始實行Airbnb合法化，提供一般民宅得有償出租予他人

---

[9]　http://www.jnto.go.jp/jpn/news/press_releases/pdf/170816_momthly.pdf

住宿[10]。嗣後，日本眾議院於2017年6月9日通過《住宅宿泊事業
法》，自有住宅之屋主得向地方主管機關申請登錄為民宿，一年
以一百八十日為上限得做為民宿使用。本法令預計於2018年春
天開始允許民眾登錄，該年6月開始正式實施。

2. UBER仍受高度限制

依照日本《道路運送法》之規範，以有償之方式提供載人或
載物之服務者，均屬受管制之對象，須經地方政府許可方得經營
運送事業且家用汽車不得用於營業使用[11]。因此，當2015年2月
UBER初次在日本啟用服務時，隨即被國土交通省禁止經營。

2015年10月20日國家計畫專區（National Strategic Special
Zones）會議，首相安倍晉三表示新道路運送法並非單純地禁止
或法條修改，而係將針對車主和司機共同承擔管理費的機制進行
整頓，政府將會逐步放寬使私人車輛得在偏遠地區載客。可見政
府宣示將藉此緩和道路運送法相關限制之決心[12]。

由於計程車業屬於日本當地的強勢服務業者，計程車業者
提供優秀的服務及高度安全性保障，使得UBER在日本的需求迫
切性不高，至今鬆綁法規限制之程度尚屬有限，此點和Airbnb在
日本的境遇相反，該差異亦是反映市場需求的強弱程度。但值得

---

[10] http://asahichinese.com/article/travel/news/AJ201512080015
[11] https://www.mc-law.jp/kigyohomu/25067/
[12] https://asia.nikkei.com/Business/Trends/Uber-s-business-model-to-the-rescue-in-rural-
Japan?page=2

注意的是，UBER於2016年5月已獲准於丹後町提供服務，原因
是當地人口少，人口老化，該地區計程車業無法提供足夠之供給
量，大眾運輸也不夠便利，因此地方政府允許UBER媒合需要用
車的民眾與沒有計程車業執照但願意兼職之一般駕駛。

　　儘管日本政府逐步鬆綁對共享經濟的限制，採取較為開放的
態度，但至今部分共享經濟的類型仍受到傳統事業法令管制，例
如餐點共享及寵物寄託服務等，目前仍被認為是未受許可經營之
項目，仍屬違法經營。

（三）新加坡

　　如同日本的SEAJ致力於推動日本國內共享經濟發展，新加
坡亦有共享經濟協會（Sharing Economy Association Singapore，
下稱「SEAS」），該協會成立於2014年，目前有約30間公司
加入會員，其中包括耳熟能詳的Airbnb、oBike、Foodpanda、
UBER等共享經濟平台業者。SEAS目前主要在於推動「Smart
City, Smart Nation」概念，將新加坡打造成智慧都市，推動新加
坡境內達到零現金交易。

　　由於各國的經濟、地理與環境問題的差異性，各地政府與
共享經濟協會必須面對各國不同的地區問題，而新加坡政府採取
與日本政府截然不同之態度，本文酌以Airbnb及UBER為例介紹
之：

　　1. Airbnb：短期租賃業者尚未合法化，政府將短租期限從六

個月降至三個月。

　新加坡爲Airbnb的重要據點之一，在新加坡擁有高度住房率，故新加坡市區重建局（Urban Redevelopment Authority，下稱「URA」）頒布下列之新法令企圖調和法令限制與新商業模式的關係：

　2017年1月URA於其官方網站（https://www.ura.gov.sg/uol）發出聲明，表示大多數新加坡居民會希望附近的鄰居彼此熟悉，房屋短期租賃行爲將導致附近居住人口增加、提高住戶的流動率，造成居住空間出入複雜，這些行爲將會增加住宅安全的疑慮。因此，原法令限制房東提供私人住宅作爲短租之期限不得低於連續六個月；修法後，房東提供短租之最低期限改爲至少須達連續三個月，但不適用於每天或每週之短期租賃[13]。故，少於三個月之短租行爲仍屬非法。

　另外，房東必須符合下述條件始得將房屋出租：

　(1) 由於房屋應供居住用途，不應使房屋變成分租或轉租之用，因此若房東對該房屋進行任何內部規劃或劃分，不得將該房屋內部變成一個具有生活、用餐或廚房等基本自給自足功能之單一住宅單位，以避免房東對於該房屋之控制力不足；

　(2) 且爲避免承租人數過多造成居民組成複雜，自2017年5月15日後，除承租人爲房東之家庭成員及受僱於房東之幫傭或護

---

[13] https://www.ura.gov.sg/uol/buy-property/about/leasing/residential.aspx

理人員外，房東可出租之人數從8人減至6人，如超過6人之限制即屬違法[14]。依據URA之解釋，如承租人與房東合住，該房屋之居住人數仍受6人之限制。

2. UBER：新加坡交通需求問題使政府鬆綁計程車業者之限制，放寬UBER等共享經濟業者旗下之司機於取得PDVL執照後得營業。

新加坡由於腹地小，始終面臨地狹人稠的問題，為避免交通亂象，新加坡政府積極興建大眾運輸系統（包括地下鐵及公車等大眾運輸），並訂定車輛總數管控目標[15]。為便於新加坡之陸路交通管理局（Land Transport Authority，下稱「LTA」）管理計程車業者，新加坡政府本來規定所有計程車司機均須受僱於已取得政府執照之計程車行，不允許私人計程車業者存在。2013年，UBER業者進入新加坡，快速衝擊既有計程車市場，新加坡政府面對UBER加入並未採取排斥之態度，事實上UBER業者進入新加坡確實緩解新加坡之計程車供需失衡之問題。

隨後2017年新加坡國會通過新的《道路交通安全法》（Road Traffic Act）修正案，授權LTA撰擬及執行條例。LTA最終於公布，自2017年7月1日起，相關限制如下：

(1) 所有的私人計程車必須於車輛加貼防偽標誌，並規

---

[14] 同註11。依據URA之解釋，若於2017年5月15日前房東已簽署7人或8人之短期出租者，直到2019年5月15日止該短期租賃契約仍屬有效，提供房東出租彈性。

[15] 目前2015年至2018年間每年車輛淨增率不得超過0.25%，摘自共享經濟的挑戰——新加坡計程車產業之監理革新，駐新加坡代表處經濟組，2017年7月28日。

定私人計程車司機必須參加相關課程，學習政府之私家計程車條例、服務學習及安全事項等內容，方可申請取得載客許可證[16]（Private Hire Car Driver Vocational License，下稱「PDVL」）。

(2) 於2017年6月30日之前提交申請之私人計程車司機可持續提供私人載客服務，並給予為期一年的寬限期，亦即私人計程車司機於2018年6月30日前取得PDVL即可繼續提供載客服務；而2017年7月1日之後申請之私人計程車司機則必須先取得PDVL才可提供載客服務。

(3) 於申請計程車執業執照（Taxi Driver Vocational License，下稱「TDVL」）時，LTA將考核申請人是否有犯罪紀錄以評估授予TDVL之適當性，對於PDVL亦有相同之規定。此乃基於對乘客生命安全之保障，如申請人曾犯重大犯罪（如殺人、擄人勒贖、強制性交等），不得取得PDVL之資格；若所犯屬於輕罪（例如毀損或詐欺），則自判決之日起後數年內該申請人均未再犯時，LTA得自行裁量；若所犯並未造成公眾安全危害（例如：偽造），則LTA不得禁止之。

LTA要求UBER業者必須確保其登錄之司機持有有效的PDVL，其司機若於十二個月內被發現三次以上之違規載客行為（包括：未持有PDVL、使用無擁車證之車輛載客、未依職業載

---

[16] https://www.lta.gov.sg/apps/news/page.aspx?c=2&id=9ce21079-6fb3-43d8-9c4d-e70a5b2db7a5

客相關規定投保），LTA得吊銷司機執照及駕照，並禁止該司機日後為公司載客。新加坡政府藉由上述申請取得PDVL之相關程序及評估標準，使司機在追求個人職業生涯與工作自由的同時，亦兼顧乘客的生命安全，同時配合商業模式變化調整法規限制。

二、台灣

在全球化的浪潮下，除UBER及Airbnb率先進入台灣市場，越來越多共享經濟業者隨後進軍台灣，下述試就近期幾個共享經濟業者為例，初步探討其所涉及之相關法規限制：

（一）LALAMOVE（啦啦快送）

LALAMOVE為一香港貨運快遞，2015年1月30日APP正式於台灣上線，推出機車快遞服務，使用者可用行動定位服務（Location-Based Service, LBS）搜尋最近的司機，司機在規定時限內提供送貨服務。LALAMOVE如同其他共享經濟平台設有評分機制，可以讓司機和使用者互評，藉此降低不適任司機或不良用戶之信用問題。

惟LALAMOVE之商業模式係利用機車提供貨物運送為服務，依我國公路法之規定，經營以載貨汽車運送貨物為營業者，提供物品快遞、收送服務，係屬於「汽車貨運業」（營業代碼：G101061）之營業範疇，為一特許行業，且交通部限制經營汽車

貨運業之業者最低資本額應達新臺幣2,500萬元以上[17]。依現行公路法第77條第2項[18]之規定，未經許可不得以民眾自有之汽車或電車提供物品快遞、收送等服務，否則相關人士受有罰鍰、勒令歇業、吊扣執照等風險。

上述規定限制參與LALAMOVE之送貨民眾而引起相關違法爭議，交通部首先對參與平台之送貨民眾祭出罰鍰並吊扣牌照，相關爭議經最高行政法院105年度判字第229號判決確定，本文謹摘要說明如下：

1. 機車運貨是否屬於「汽車貨運業」

送貨人認為依據公路法第34條第1項第7款明定汽車貨運業係以「載貨汽車」運送貨物為營業者，顯示立法者有意將「汽車貨運業」所使用之車輛，限於「載貨汽車」，而排除其他任何種類之「汽車」作為汽車貨運業所使用之交通工具。惟法院認為，依公路法第2條第9款規定，所謂車輛係指汽車、電車、慢車及其他行駛於道路之動力車輛，同條第10款就汽車另有特別規定，係指「非依軌道或電力架設，而以原動機行駛之車輛」。機車係以

---

[17] 依據汽車運輸業管理規則第23條授權交通部訂定之「汽車運輸業審核細則」第4條，汽車貨運業最低資本額新臺幣2,500萬元以上，其屬專辦搬家業務者，最低資本額應為新臺幣1,000萬元以上。但個人經營小貨車貨運業則不受此限。http://gcis.nat.gov.tw/cod/browseAction.do?method=browse&layer=4&code=G101061#G101061

[18] 現行公路法第77條第2項：「未依本法申請核准，而經營汽車或電車運輸業者，得依其違反情節輕重，處新臺幣十萬元以上二千五百萬元以下罰鍰，並勒令其歇業，其非法營業之車輛牌照及汽車駕駛人駕駛執照，並得吊扣四個月至一年，或吊銷之，非滿二年不得再請領或考領。」

「原動機」行駛之車輛，且非依附於軌道或利用電力架設，屬公路法第2條第9款規定之汽車。換言之，載貨機車屬於為上開規定之「載貨汽車」。

2. 國內機車快遞業者均未登記為「G10161汽車貨運業」

雖送貨人主張國內以機車從事快遞業者，無一登記為G10161汽車貨運業，故以機車遞送物品，依法無須向公路主管機關申請核准。惟法院認為，依目前公路法及汽車運輸業管理規則規定，汽車貨運業係以載貨汽車運送貨物為營業者，均應依法向主管機關申請設立並取得汽車運輸業許可證後，始可載貨收費營運。申言之，倘業者運送行為涉及載運旅客或貨物並受有報酬之行為即應為上開規範所規制。至國內其他機車快遞業者若未依法向公路主管機關申請核准，亦不可載貨收費營運。

最高法院最終並未接受送貨員之抗辯，認為無論以機車、腳踏車等非依附於軌道或利用電力架設之車輛，均屬公路法第2條第9款規定之汽車。LALAMOVE之送貨員有未經允許經營汽車貨運業之行為，而處以罰鍰吊銷駕照。

為此，LALAMOVE之台灣經營公司於2017年6月已依法取得汽車貨運業者執照並登記為汽車貨運業[19]，此為共享平台業者

---

[19] 小蜂鳥國際物流有限公司聲明https://www.lalamove.com/taiwan/taipei/zh/blog/%E5
%B0%8F%E8%9C%82%E9%B3%A5%E5%9C%8B%E9%9A%9B%E7%89%A9%E
6%B5%81%E6%9C%89%E9%99%90%E5%85%AC%E5%8F%B8%E8%81%B2%E6
%98%8E（最後瀏覽日：2017/10/24）。

依循現有法令規範而須配合調整其營運模式（拉高資本額、與貨運業者合作）之實際案例，實可作為共享經濟發展之參考依據，尤其是當共享經濟業者及主管機關討論法規調和時，現有法規之規範意旨與目前市場潮流及需求如何取得平衡點，即為各方溝通之重點所在。

（二）oBike

oBike發源於新加坡，於2017年正式進軍台灣，目前已在台灣多個縣市進駐營運。商業模式與台北市共享自行車Youbike微笑單車相似，差異在於oBike係利用無樁式共享自行車且可隨借隨還，能解決有樁式自行車需設置借還站之建置成本及使用者與借還站之間的時空限制。

由於oBike並無固定的借還站，新北市政府依據停車場法第13條及道路交通管理處罰條例第74條之規定，禁止oBike等租賃腳踏車停放於部分行政區[20]之機車停車位，捷運站、火車站等大眾運輸場站周邊之自行車停車位（含機車停車格、機慢車停放區及騎樓），及其他特定路段、區域之機車停車位與自行車停車位。另，新北市政府針對違停、停放在機車格內的oBike執行強

---

[20] 實施範圍：本市三重區、土城區、中和區、永和區、板橋區、新店區、新莊區、蘆洲區、汐止區、林口區、淡水區等11區所有路段之機車停車位，捷運站、火車站等大眾運輸場站周邊之自行車停車位，及其他特定路段、區域之機車停車位與自行車停車位（新北府交營字第10613220971號）。

制拖吊[21]。

相較於新北市，台北市政府交通局對oBike的態度則較爲開放，其認爲「臺北市機器腳踏車及慢車停放規定」雖然禁止腳踏車停放於設有禁止停車標誌之騎樓、人行道或慢車道，但並未限制腳踏車不得停放於機車格或自行車格內，因此並未積極拖吊或禁止oBike停放於機車停車格內。

由本案例可以得知，各地方政府間就同一共享經濟業者亦可能有不同的處理方式，突顯了各地方政府對於新型態的商業模式而有不同的限制，此一現象反而使有關各方不知要如何配合，對於共享經濟的發展絕非益事。

（三）USPACE

在台灣，依據交通部統計資料，2016年度我國自用小客車登記數約爲784萬輛[22]，全台公有及私有車位約有477萬[23]，其中私有車位的比率爲68%，由此可知約有324萬個車位只有車主可自行使用，超過六成的車子並無專屬停車位，且一旦車主開離私有車位，該車位絕大多數的時間將處於閒置狀態，造成公有車位

---

[21] 新北oBike拖吊近3,000輛 交通局今起禁業者投車：https://udn.com/news/story/7266/2581777（2017年7月13日）。

[22] 交通部統計資料http://geostat.motc.gov.tw/dmz/mocdx/stat-o.html

[23] 交通部統計資料http://stat.motc.gov.tw/mocdb/stmain.jsp?sys=220&ym=9801&ymt=10603&kind=21&type=1&funid=b340301&cycle=42&outmode=0&compmode=0&outkind=1&fldspc=6,3,&cod00=1&rdm=oipKtakb

一位難求但私有車位空置無法有效使用，且間接引發違停等交通亂象。有鑑於此，USPACE提出共享車位媒合平台的概念，當私有車位所有人離開家中車位時，得選定可共享時段，釋出空置的車位提供給需要停車的用戶，達到車位空間共享。此外，該USPACE亦提供私有車位所有人免費智能地鎖[24]，有效避免車位遭他人占用的問題。

　　儘管USPACE的創業理念是爲紓解停車位不足之窘況，但相關的法律議題仍無法忽視。首先，依據停車場法第22條之規定，私有建築物附設之停車空間，得供公眾收費停車使用。且相關函釋[25]進一步解釋其立法意旨係鑒於私有建築物附設之停車空間雖供特定對象所有人使用，惟其一般使用時間有限，如能部分開放公眾停車使用，有助於紓解停車需求，因此發函指示建築物內得供公眾停車使用之範圍應包含法定停車位。自停車場法及交通部函釋，足見立法者及行政機關均有意開放民眾出租其車位予不特定多數人以降低車位閒置率。舉重以明輕，私有建築物附設之停車場空間尚且得供收費停車使用，若屬路面之私有車位亦當可出租予不特定多數人。

　　惟私有車位所有人倘利用USPACE APP之服務長期、大量且多次提供不特定人使用停車位以獲取租金或停車費，與定期租賃

---

[24] 智能地鎖爲一置於地面之鎖，使用人得透過控制器，藉由RFID或WIFI等無線射頻技術控制進出車位之車輛。https://www.uspace.city/ulock（最後瀏覽日：2017/10/24）。
[25] 交路字第0930036334號。

車位之情形尚屬有別，此種模式是否會被主管機關認定屬於經營「停車場經營業」[26]，而認定私有車位所有人須向主管機關申請發給停車場登記證[27]，則不無疑義。此外，社區大樓內之停車位長期租給不特定人，亦可能引發居民安全性之顧慮。目前台北市對於「共享停車位」暫且採取樂觀其成的態度[28]，但未來仍需業者及主管機關之協力，在兼顧民眾權益、社會利益及立法目的下調和相關法規，本案例值得追蹤以觀察主管機關之態度。

三、共享經濟相關議題與思考

科技進步與新創公司源源不絕想像力對於新市場開發的速度一日千里，但共享經濟的新興商業模式對應於現有的法律體系應如何定義、如何解釋、如何適用、如何發展，皆為應持續探討之問題。以租賃腳踏車、租賃自行車與租賃汽車之管制為首，台北市政府於2017年6月草擬「臺北市共享運具經營業管理自治條例」草案[29]（下稱「本草案」），即有意藉由地方自治條例之規範管理共享經濟業者，試圖在促進新興經濟模式發展與維護公共安全及保障市民權益間取得衡平。

---

[26] 停車場法第2條第1項第6款：「停車場經營業：指經主管機關發給停車場登記證，經營路外公共停車場之事業。」

[27] 「臺北市停車場營業登記申請」第8條第1項規定：「停車場經營業應於核准經營，並領得停車場登記證後，始得營業。」

[28] 推動停車位共享 柯文哲想把自家車位租出去，自由時報，http://news.ltn.com.tw/news/life/breakingnews/1981994（2017年2月21日）。

[29] 臺北市政府交通局，府交管字第10630888501號，https://www.laws.taipei.gov.tw/lawsystem/wfDraft_Opinion.aspx?ID=85。

　　本草案首先定義「共享運具」係指「供不特定人以智慧型行動裝置或自動服務導覽機等設備，透過共享運具經營業開發之應用軟體租賃其所有之無人化管理運具（包含共享小客車、共享機車、共享自行車）」，並限制共享運具租賃服務之營利事業（下稱「業者」）需向交通局申請為期三年的營業許可，期滿仍欲營運時須申請延展[30]。其他規定包含：需繳納審查費、簽訂行政契約、繳納權利金及保證金、限定業者投放車輛數之下限與限制等。

　　政府之立意良善，且積極擁抱創意及新科技，並廣納學者、專家及業者意見制定本草案，對於各地方政府及業者均有拋磚引玉之效果，係共享經濟概念討論之先驅。惟相關法規細節上仍有可待討論及調整之部分，例如，本草案將共享經濟平台中涉及共享小客車、共享機車、共享自行車等業者一律歸為「共享運具」，惟各業者間之經營模式均可能存有差異，日後如何妥善適用與執行仍可能存有疑問。此外，一般非共享運具經營者所有之車輛均可於合法區域內停放，共享運具業者卻須劃設服務區，限制車輛停放之範圍，將各類共享運具以相同手段管理，亦可能有降低共享運具便利性等問題，皆值得日後持續關注。

---

[30] 草案第4條第1項。

四、小結

　　經觀察各國對於共享經濟的態度，不外乎係依據各地區獨特之經濟、環境、政策與人口等市場需求，因地制宜地提供不同地區之共享經濟平台發展空間。共享經濟平台利用網路資源，得有效降低其營運成本，包括縮減人事費用及硬體建構成本等，且增加便利性，而隨著共享經濟發展規模日益擴大，對我國既有產業亦逐漸產生供應面及需求面的衝擊。然而，共享經濟並非單一法制問題，衝擊之影響也並非侷限於單一產業，共享經濟出現前我國早有法規針對既有市場上的供應者建立規範，規範內容包括消費者權益、供應者責任、主管機關監管及稅務議題等。然而，共享經濟藉由網路平台跨入部分傳統產業的灰色地帶，二者間經營模式的差異造成共享經濟平台並不能完全適用於既有法規對於規範主體、行為態樣、責任之限制，並間接產生共享經濟業者之主管法規不確定、規避法規、短少稅務申報或侵害公共利益的問題及爭議。

　　由前述之論述可知，共享經濟之問題及爭議涉及複數法規、產業、經濟體制等各面向的衝擊，而這些新興商業模式的出現，更促使我們思考如何在法律架構下提供共享經濟的發展空間，以回應市場的需求，除應全面性檢視既有法規以探討如何解釋及適用法律外，同樣的共享經濟業者亦應完善其內部控制與法律遵循制度，進行合法之營業活動，提供消費者安全便利的共享經濟

環境。寄望各方可共同思考、並共同尋求新興科技與法律間的平衡，方爲解決之道。

第二篇

企業經營法律

4 解任經理人可否只用一紙通知完成？

朱漢寶／曾至楷

一、前言

委任、僱傭以及承攬之法律關係，在性質上均屬於以債權人、債務人間彼此高度信賴爲基礎之繼續性契約，其法律關係的解消只需透過單方或雙方終止的意思表示即可完成[1]。此係因立法者認爲雙方於此時信賴關係如已發生動搖，再持續該等關係，常常會使得事務處理弄得更爲僵化複雜且難以收拾，故而賦予前揭契約之一方或是雙方均可以單方爲任意終止的意思表示，而不論其所持理由爲何，在法律上均會發生終止的法律效果[2]。然而

---

[1] 民法第549條第1項規定：「當事人之任何一方，得隨時終止委任契約」。

[2] 最高法院85年台上字第1864號民事判決：「委任契約依民法第549條第1項規定，當事人之任何一方既得隨時終止，則當事人爲終止之意思表示時，不論其所持理由爲何，均應發生終止之效力。」最高法院95年台上字第1175號民事判決：「當事人之任何一方，得隨時終止委任契約，民法第549條第1項定有明文。惟終止契約不失爲當事人之權利，雖非不得由當事人就終止權之行使另行特約，然按委任契約，係以當事人之信賴關係爲基礎所成立之契約，如其信賴關係已動搖，而使委任人仍受限於特約，無異違背委任契約成立之基本宗旨。因此委任契約縱有不得終止之特約，亦不排除民法第549條第1項之適用。」臺灣高等法院104年度上字第1454號民事判決：「當事人之任何一方，得隨時終止委任契約，民法第549條第1項定有明文。蓋委任契約本質上係以雙方之信賴關係爲基礎，具有相當高之專屬性，當委任人對於受任人之信任有所動搖時，自不得強求委任人繼續委任，故委任契約中雙方均得隨時終止契約，此亦爲民法第549條第1項規定之由來。」等實務判決見解可茲參照。

解任經理人所涉及的法律關係，不僅僅只是單方通知終止委任、僱傭或承攬關係而已，尚還因為雙方為維護財產上利益及為使契約目的極大化，各自就委任、僱傭或承攬法律關係衍生相關保護義務，例如雇主得要求經理人在受僱期間、法律關係終止後一定期間繼續負擔保密義務；經理人在法律關係終止後請求委任人開具服務證明書等，此類為維繫雙方利益、遂行契約目的而生的義務，實務與學說將之稱為「附隨義務」或「後契約義務」。

　　一般「附隨義務」或「後契約義務」，在我國民法中以法律條文規範者僅屬極少數，其產生的基礎乃基於誠信原則而來，故雙方當事人間如因同一契約關係消滅，彼此均負有後契約義務時，民法中並無明文規定得援用雙務契約之同時履行抗辯或不安抗辯權以彼此公平抗衡的權利，在我國實務運作上，尚仰賴法院以判決、法官造法方式，由法院宣示雙方當事人互負之「附隨義務」或「後契約義務」，得類推適用同時履行抗辯，藉使一方當事人可要求在另一方當事人履行其「附隨義務」或「後契約義務」時，才一併完成其「附隨義務」或「後契約義務」。

二、何謂「附隨義務」？「後契約義務」又是什麼？

（一）「附隨義務」或「後契約義務」之定義以及在給付義務群之定位

　　在多數的契約當中，締結契約的當事人，最希望在契約中

從對方獲取何種給付內容和給付義務，屬債之核心[3]。而給付義務中尚可分為「主給付義務」及「從給付義務」，契約之主給付義務乃決定契約類型及表彰當事人所以締結該契約之原因，例如出賣人交付標的物及移轉該物所有權之義務、買受人給付價金之義務，出租人交付標的物及於租賃期間保持該物合於約定使用收益狀態之義務、承租人支付租金之義務，均為最典型的主給付義務。在雙務契約，一方當事人所負之主給付義務與他方當事人所負之主給付義務，彼此存在同時履行之關係，故而一方尚未給付前，依民法第264條規定，他方得為拒絕自己之對待給付[4]。

至於「從給付義務」則無關契約類型之決定，但具有輔助主給付義務之功能，例如：在買賣債權之情形，出賣債權者除了必須履行其主給付義務即移轉債權外，尚有交付債權證明文件於受讓人，並告以關於主張該債權所必要一切情形之義務[5]，即為其例。

再者，給付義務除「主給付義務」與「從給付義務」外，另外尚還有所謂「附隨義務」，依其與主給付義務之關聯性，可再細分為「與給付有關之附隨義務」及「與給付無關之附隨義務」[6]，其中「與給付有關之附隨義務」與從給付義務經常不易

---

[3] 參諸民法第199條第1項規定：「債權人基於債之關係，得向債務人請求給付。」
[4] 參見詹森林，臺灣法律發展回顧（98年）：民事法，臺大法學論叢第39卷第2期，99年6月，頁59以下。
[5] 民法第296條：「讓與人應將證明債權之文件，交付受讓人，並應告以關於主張該債權所必要之一切情形。」
[6] 在「附隨義務」的類型中，「與給付有關之附隨義務」與從給付義務經常不易區

區分，學說上以得否獨立請求加以區分，從給付義務得獨立訴請履行。反之「與給付有關之附隨義務」則無法獨立訴請履行，僅在違反時得請求損害賠償[7]。至於「與給付無關之附隨義務」則以保護及照顧債權人之人身或財產法益為其特色，亦即使契約關係基於當事人間具有保護固有利益或完整利益之功能，使當事人免於給付利益以外其他法益的損害，與契約目的的實現非有直接必要關聯，係基於當事人間之信賴關係而存在彼此間一般行為義務之要求，以維護公共秩序善良風俗之行為準則[8]。

我國最高法院亦承認附隨義務之概念，並將之具體化為「係履行給付義務或保護債權人人身或財產上利益，於契約發展過程基於誠信原則而生之義務」，倘經當事人約定，為準備、確定、支持及完全履行主給付義務，具有本身目的而成為從給付義務，倘債務人不為履行，致影響債權人契約利益及目的之完成，於此情形債權人非不得依民法關於債務不履行之規定行使權利[9]。

換言之，契約成立生效後，債務人除負有主給付義務外，為輔助主給付之功能，使債權人之利益能獲得最大之滿足，債務人

分，「與給付無關之附隨義務」則以保護及照顧債權人之人身或財產法益為其特色。參見詹森林，前揭註4文，頁60。

[7]　參見王澤鑑，債法原理，增訂三版，101年，頁44。惟，學者陳自強認為「與給付有關之附隨義務」仍得訴請履行，僅訴之聲明設計上較費心思，而應與從給付義務簡化為一類，參見陳自強，契約之內容與消滅，二版，102年9月，頁104-105。

[8]　參見陳自強，前揭註8文，頁106-108。

[9]　參最高法院102年度台上字第1403號、101年度台上字第1065號民事判決。

尚應負有獨立之附隨義務[10]，且基於契約之主給付義務與附隨義務各有其不同之功能，債務人縱已履行主給付義務，並非當然認已履行附隨義務。例如，在出賣人交付標的物後發生爆炸之實務案例中，最高法院及歷審法院即認為，出賣人雖依買方提供之草圖，做尺寸修正後製作「裂解爐」，並履行交付標的物之義務，然而嗣後該爐爆炸之原因，經鑑定結果認係「溫度」與「壓力」超過該爐所能承受之範圍所導致，固非因製作上或設計上之瑕疵，然出賣人仍應就未盡保護買受人及告知該爐承受範圍之契約附隨義務之不完全給付負30%過失責任[11]。

此外，一般主給付義務係以契約有效存在作為前提，但具有保護義務之附隨義務既係基於當事人間信賴關係而生，則不以契約有效存在為前提。易言之，在締約談判磋商、抑或債之關係消滅時，信賴關係既已存在，保護義務也同時發生，因此即另有「先契約義務」、「後契約義務」概念的存在，例如向銀行接洽借款事宜而提出個人財產徵信報告，可得期待銀行在締約前或契約關係消滅後，均仍保護個人資料不遭外洩，此係基於當事人間信賴關係而有高於給付義務之保護義務，且保護的法益也較周延而豐富[12]。

最高法院實務判決亦明白承認「後契約義務」之存在及內涵，最高法院95年台上字第1076號民事判決明確闡釋：「學說

[10] 參最高法院98年度台上字第2171號民事判決。
[11] 參最高法院在98年台上字第2203號民事裁定。
[12] 參見陳自強，前揭註8文，頁108-110。

上所稱之『後契約義務』，係在契約關係消滅後，爲維護相對人人身及財產上之利益，當事人間衍生以保護義務爲內容，所負某種作爲或不作爲之義務，諸如離職後之受僱人得請求雇主開具服務證明書、受僱人於離職後不得洩漏任職期間獲知之營業秘密等。」因此，學說及最高法院實務判決見解均明白承認契約當事人依信賴關係互相負有「後契約義務」，尤其在以信賴關係成立之僱傭契約，雙方當事人於契約關係消滅後，仍應依「後契約義務」繼續、互相負擔保護契約相對人人身或財產上利益之義務。

（二）契約當事人應負擔「附隨義務」或「後契約義務」的事例

依我國學說及實務發展，就契約當事人應負擔附隨義務或後契約義務之類型，可概分爲基於法律規定而生、基於當事人約定而生，以及基於誠實信用原則而發生者。基於法律規定而生者，例如：受僱人服勞務，其生命、身體、健康有受危害之虞者，僱用人應按其情形爲必要預防之義務[13]、定作人之協力義務[14]，以及醫療機構及其人員保守病歷等隱私資訊之義務[15]等。

---

[13] 民法第483條之1：「受僱人服勞務，其生命、身體、健康有受危害之虞者，僱用人應按其情形爲必要之預防。」
[14] 民法第507條：「工作需定作人之行爲始能完成者，而定作人不爲其行爲時，承攬人得定相當期限，催告定作人爲之。定作人不於前項期限內爲其行爲者，承攬人得解除契約，並得請求賠償因契約解除而生之損害。」
[15] 醫療法第70條第4項及第72條分別規定：「醫療機構對於逾保存期限得銷燬之病歷，其銷燬方式應確保病歷內容無洩漏之虞。」「醫療機構及其人員因業務而知悉或持有病人病情或健康資訊，不得無故洩漏。」

　　其次，基於當事人約定而生之類型，即當事人間為使契約之給付利益獲得最大滿足，或維護他方當事人使用利益之附隨義務，而在法律規定外約定負擔一定義務，例如出賣人依約交付一般規格履帶式推土機，並出具保固書及繳交保固保證金，保證自驗收合格日起一年內，在正常操作使用情形下，對推土機本身之結構、零組件負責保固一年，保固期間如有故障，出賣人應負責免費修復或更換新品。更換零件新品仍無法排除故障，甚至無法更換零件新品時，應更換推土機整台新品，以履行保固責任。最高法院及二審法院均認為出賣人出具保固書承諾無償修復等瑕疵責任，性質上應屬於：為使出賣人給付利益獲得最大滿足或維護上訴人對系爭推土機使用利益之附隨義務，即擴大及強化物之瑕疵擔保責任[16]，即為適例。

　　再者，基於誠實信用原則而發生之附隨義務，經常必須依據當事人之訂約目的，並以契約補充解釋之方法探求之。最高法院98年台上字第2436號判決指出：「契約成立生效後，債務人除負有主給付義務外，為準備、確定、支持及完全履行其本身之主給付義務，尚負有從給付義務（又稱獨立之附隨義務），以確保債權人之利益能獲得完全之滿足，俾當事人締結契約之目的得以實現。系爭合約內縱未明定被上訴人負有提供軟硬體規格書予上訴人之義務，惟基於誠信原則及補充的契約解釋（契約漏洞之

---

[16]　參最高法院98年台上字第1214號民事判決。

填補），被上訴人是否不負有提供該項義務，尤非無斟酌之餘地。」得為參考。

因此，基於誠實信用原則及補充契約解釋，契約當事人間除負有主給付義務外，尚得探求契約整體目的、確保契約利益獲得最大滿足，以及當事人間信賴關係，推得契約當事人互相負有附隨義務，乃至於後契約義務。

三、契約當事人得否就彼此互負之「後契約義務」或「附隨義務」主張同時履行抗辯權？

（一）就「附隨義務」或「後契約義務」主張同時履行抗辯權之合理性

民法第264條第1項規定：「因契約互負債務者，於他方當事人未為對待給付前，得拒絕自己之給付。」依其立法理由謂：「就雙務契約言之，各當事人之債務，互相關聯，故一方不履行其債務，而對於他方請求債務之履行，則為保護他方之利益起見，應使其得拒絕自己債務之履行。」即各當事人互負債務彼此為對待給付關係時，在他方為履行前得拒絕自己債務之履行，然則當事人間彼此互負的債務如為附隨義務或後契約義務，得否主張同時履行抗辯即生疑義？

最高法院實務判決就此亦有說明，應可認為係採取肯定之見解，例如最高法院101年度台上字第594號民事判決謂：「**按因契約而互負債務，一方有先為給付之義務者，縱其給付兼需他方**

之行為始得完成，而由於他方之未為其行為，致不能完成，並不**能因而免除給付之義務。此項行為，涵攝為輔助實現債權人給付利益而負有協力、告知及說明等義務態樣之附隨義務。**又買賣契約，出賣人移轉財產權之義務與買受人支付價金之義務間具有對價關係；雙方既互負對待給付義務，因此於他方當事人為對待給付前，自非不得拒絕自己之給付……參稽上訴人（按，賣方）為實現被上訴人（按，買方）因支付貨款而受領貨物之利益，所負核發預約發票並告知被上訴人送貨日期之義務，要係附隨義務。果爾，於上訴人未為適當履行此項義務時，倘非不能補正，被上訴人如未定期催告補正而不補正，自己又未支付97年4月份貨款，上訴人若為同時履行之抗辯，以此拒絕履行而未給付貨物，則能否遽謂上訴人有可歸責之事由，令負違約責任，尚非無研求之餘地。」即肯認出賣人雖負有核發預約發票之附隨義務，既與買受人之主給付義務有對待給付關係，出賣人即得就主給付義務、附隨義務主張同時履行抗辯。

又最高法院84年度台上字第1813號民事判決謂：「按雙方契約之一方當事人受領遲延者，其原有之同時履行抗辯權，並未因此而歸於消滅。故他方當事人於其受領遲延後，請求為對待給付者，仍非不得提出同時履行抗辯（參閱本院75年台上字第534號判例）。本件兩造簽訂之合約，原審既認定為單一之買賣契約，而**安裝測試又為本件買賣契約之附隨義務，可見系爭機器設備及材料之買賣與安裝測試有不可分之關係。**準此，則被上訴人

未將該機器設備及材料完成安裝測試驗收前，似不能謂已為完全之給付。果爾，則**被上訴人將準備安裝測試之情事通知上訴人，而為上訴人不能受領者，上訴人亦僅負受領遲延責任而已，殊難謂其不得於受領遲延中仍主張原同時履行抗辯之權利**，原審見未及此，遽以被上訴人已有給付之合法提出即認上訴人不得提出同時履行之抗辯，進而為上訴人不利之論斷，已有未合。」亦肯認買受人之給付義務與出賣人安裝測試的附隨義務間具有對待給付關係，買受人得據以主張同時履行抗辯。

然而，附隨義務尚區分「與給付有關之附隨義務」及「與給付無關之附隨義務」，前者與從給付義務類同，而較易認為該附隨義務之履行與否，亦攸關契約目的能否達成，而認具有對待給付關係，相較之下，「與給付無關之附隨義務」或「後契約義務」之內涵係為保護及照顧債權人之人身或財產法益，即契約關係之保護義務，其固有助於保護固有利益或完整利益，使當事人免於給付利益以外其他法益的損害，然得否據以主張具有對待給付關係？似不無疑問，而有再討論之必要。

四、可藉類推適用之法學方法作為「附隨義務」或「後契約義務」彼此主張同時履行抗辯權之依據

在法律適用的方法中，所謂「類推適用」，是指特定法規範在系爭案件事實中存在法律漏洞應予規範而未規範，而有權解釋

機關藉由此種法律適用之方式，將法律明文規定適用到非該法律
規定所直接加以規定，但其法律之重要特徵與該規定所明文規定
者相同之案型上。詳言之，某事實B在法律上並無規定，惟與其
相類之事實A於法律上有規定，此時即將該法律已明文規定事實
A的法律效果，轉化成事實B的法律效果，而依據正義之要求，
就相同事物作同樣處理，目的在擴張或延伸制定法的本意，順著
法律所發展之方向發展，以填補法律漏洞[17]。

　　基此，附隨義務或後契約義務得否類推適用主張同時履行抗
辯，即應考量現行法對於現行法是否就同時履行抗辯權得否涵攝
於「與給付無關之附隨義務」或「後契約義務」情形加以規範、
是否為法規漏洞？本文初步認為現行法並未明確規範「與給付無
關之附隨義務」、「後契約義務」得否適用同時履行抗辯權，而
現行最高法院實務判決見解，似僅就「與給付有關之附隨義務」
加以闡釋，尚未明確就「與給付無關之附隨義務」、「後契約義
務」得否主張同時履行抗辯進行法之續造而為解釋；同時，附隨
義務在學說及實務判決仍屬尚在發展中之類型，尤其「與給付無
關之附隨義務」、「後契約義務」與從給付義務之分界、得否單
獨以訴主張、違反時得否作為解除契約事由等特徵，尚待學說及
實務進一步發展[18]，即屬法律未明文之漏洞。

17　參閱朱漢寶，類推適用與民事實務，收於《法律哲理與制度（基礎法學）——馬
　　漢寶教授八秩華誕祝壽論文集》，95年1月，頁120-123。
18　例如最高法院100年度台上字第2號民事判決雖謂：「附隨義務性質上屬於非構成
　　契約原素或要素之義務，如有違反，債權人原則上固僅得請求損害賠償，然倘為

其次，學者仍認為「與給付無關之附隨義務」、「後契約義務」係屬契約義務之一種態樣，對此義務之違反倘到達債務人給付債權人無期待可能性，即得請求替代給付之損害賠償[19]，亦屬不完全給付之類型。衡酌「與給付無關之附隨義務」、「後契約義務」亦係以保護及照顧債權人之人身或財產法益為目的，義務之違反，亦可能足以影響契約目的之達成，使債權人無法實現其訂立契約之利益，與違反主給付義務對債權人所造成之結果，在本質上並無差異。甚且，雙方當事人互負之「與給付無關之附隨義務」、「後契約義務」均為保護其利益獲最大滿足，即具有對價性、對待給付關係，尤其透過同時履行抗辯，方足以避免契約終止、信賴關係不復存在時當事人原受契約保護之利益隨時可能遭侵蝕的狀態。則依類推適用之法理，應可認為應將民法第264條第1項之規範適用於「與給付無關之附隨義務」、「後契約義務」等情形，以達成填補漏洞之目的。

況且，最高法院實務判決見解亦認為「與給付無關之附隨義務」、「後契約義務」等義務之產生係基於誠實及信用原則，而非基於當事人之約定或約款。故而如當事人間在契約關係消滅

與給付目的相關之附隨義務之違反，而足以影響契約目的之達成，使債權人無法實現其訂立契約之利益，則與違反主給付義務對債權人所造成之結果，在本質上並無差異（皆使當事人締結契約之目的無法達成），自亦應賦予債權人契約解除權，以確保債權人利益得以獲得完全之滿足，俾維護契約應有之規範功能與秩序。」然仍未明確區分「與給付有關之附隨義務」、「與給付無關之附隨義務」及「先契約義務」、「後契約義務」之適用結果為更細緻之闡釋。

[19] 參見陳自強，不完全給付與物之瑕疵——契約法之現代化II，一版，102年12月，頁56-58。

後，彼此均互負「後契約義務」時，基於義務負擔履行之平等性、相對性以及公平誠信之原理，當事人於基於同一契約關係消滅後，如彼此互負「後契約義務」，就此等「後契約義務」之履行與行使時，自非不得類推適用民法第264條之同時履行抗辯（最高法院78年台上字第1645號判決意旨參照）。

因此，本文認為在「與給付無關之附隨義務」、「後契約義務」的場合，倘一方當事人未履行其附隨義務，他方當事人應得主張同時履行抗辯，主張在一方當事人未履行附隨義務前，拒絕自己之履行。例如在僱傭契約終止時，雇主得要求經理人在法律關係終止後一定期間繼續負擔保密義務，經理人亦得請求雇主開具服務證明書，各該義務既均為「後契約義務」，並均為保護對方當事人於契約關係終止後之財產利益獲最大滿足，而具有對待給付關係，故雙方當事人彼此就此「後契約義務」亦得相互主張同時履行抗辯。

五、結論

依債法之現代化，學說均承認契約關係亦具有保護義務之功能，契約責任與侵權行為責任就保護法益之界限已有逐漸重疊趨勢，尤其在彼此信賴關係即為濃厚的勞動、僱傭契約，在締約談判磋商、抑或債之關係消滅時，信賴關係既已存在，雙方當事人即應互相負擔保護契約相對人人身及財產上利益之義務，且兩者

倘具有對待給付關係，在一方尚未給付前，他方亦得類推適用主
張同時履行抗辯。

在解任經理人之情形，雇主除為合法通知經理人，辦理解
職程序外，尚得依據彼此間信賴關係所生之後契約義務，要求經
理人簽具保密協議，或保密承諾書，在法律關係終止後一定期間
繼續負擔保密義務，甚且，如雇主得證明具有受競業禁止保護之
特殊專業智識及技術之正當利益，亦得主張受僱人在一定期間及
受領相當補償之情況下負競業禁止義務，以維護雇主機密資訊、
營運策略不因經理人解職而遭外洩，侵害雇主與公司最大利益。
反之，經理人／受僱人自行終止契約之情形，除合法通知、請求
結算紅利、報酬、退休金等給付外，亦得請求雇主於適當期限內
核發服務證明書、離職證書、註銷職業登錄等，以保障經理人最
大財產利益。同時，雇主及經理人／受僱人彼此間基於後契約義
務，尚得互相主張同時履行抗辯，以避免契約終止、信賴關係不
復存在時，一方當事人忠實履行後契約義務，他方當事人卻拒不
履行，致其原受契約保護之利益遭到侵蝕卻難以救濟，反而因為
遵守原契約關係對他方當事人之保護義務，招致不利益，實不可
不慎。

5 新修正洗錢防制法之解析與評釋：兼述法令遵循重點

吳祚丞／李彥麟

一、前言

　　台灣為亞太防制洗錢組織（Asia/ Pacific Group on Money Laundering, APG）成員，但因洗錢防制法規不足，而在2007年及2011年先後遭列追蹤名單。為了避免後續可能的國際金融制裁，洗錢防制法於2016年12月28日修正，並於2017年6月28日施行（以下簡稱「新法」或「新修正洗錢防制法」；修正前的洗錢防制法，以下簡稱「舊法」）。新法的四大修正重點為：（一）提升洗錢犯罪追訴可能性；（二）建立透明化金流軌跡；（三）增強我國洗錢防制體制；（四）強化國際合作。新法修正大量參考國際上防制洗錢金融行動工作組織（Financial Action Task Force, FATF）2012年的「防制洗錢及打擊資助恐怖主義與武器擴散國際標準四十項建議」及外國立法，放寬洗錢罪的成立可能；將律師業、會計師業、不動產經紀業、地政士、公證人等非金融業者納入洗錢防制的行列，並強化金融與非金融業者訂定並執行洗錢防制內控程序、確認客戶身分、留存資料及申報高風險

交易的義務。茲就新法介紹及分析如下。

二、擴大對洗錢的追訴

　　所謂的洗錢行為（money laundering），是指對「前置犯罪」（predicate offense）所生犯罪所得的不法來源加以隱匿、掩飾，使該不法所得轉化成來自合法來源，亦即為犯罪所得套上合法財產或利益的外衣。

　　在舊法之下，洗錢行為分為「掩飾或隱匿因自己重大犯罪所得財物或財產上利益」（為自己洗錢）及「掩飾、收受、搬運、寄藏、故買或牙保他人因重大犯罪所得財物或財產上利益」（為他人洗錢）兩種態樣（舊法第2條）。對於洗錢行為的前置犯罪，舊法採取「重大犯罪」的規範模式，亦即若犯罪所得是來自於最輕本刑五年以上有期徒刑之罪，或來自其他所列舉之犯罪，才可能構成洗錢行為（舊法第3條）。但舊法對洗錢行為的定義，以國際標準而言失之過狹。作為因應，新法重點之一即是擴大對於洗錢罪的追訴。

（一）擴大洗錢行為前置犯罪的範圍

　　新法修正洗錢行為的前置犯罪，改採「特定犯罪」的規範模式：第一，將刑度門檻下修至最輕本刑六月以上有期徒刑以上之罪（新法第3條第1款）；第二，增列列舉罪名，包含商標犯罪

（商標法第95條侵害商標或團體商標罪、第96條第1項侵害證明標章罪、第96條第2項販賣或意圖販賣而持有他人註冊證明標章之標籤罪）、環保犯罪（廢棄物清理法第45條第1項後段、第47條之罪）及稅務犯罪（稅捐稽徵法第41條詐術逃漏稅捐罪、第42條詐術未扣繳或未代徵稅捐罪及第43條第1項、第2項教唆或幫助詐術逃漏稅捐罪）等（新法第3條第5款至第7款）；第三，刪除舊法對於部分列舉罪名規定犯罪所得金額在500萬元以上的限制（舊法第3條第2項）。

（二）擴大犯罪所得的定義

舊法所謂的「犯罪所得財物或財產上利益」，是指因犯罪「直接」取得之物或財產上利益、因犯罪取得之報酬，或以之變得之財物或財產上利益（舊法第4條）。

新法放寬犯罪所得的認定標準為：因特定犯罪而取得或變得之財物或財產上利益及其孳息（新法第4條第1項），因此，不論是「直接」或「間接」所得的財物或財產上利益，連同利息、租金等孳息，都包括在內。又，新法明訂「特定犯罪所得」之認定，不以該特定犯罪（前置犯罪）經有罪判決為必要（新法第4條第2項），故即令該特定犯罪行為因程序問題（例如被告經通緝而無法進行審判）或其他原因（例如被告心神喪失）而無法或尚未取得有罪判決，仍得以其他證據證明財物或財產上利益屬特定犯罪所得（新法第4條第2項立法理由）。對此，有認為犯罪的

追訴，主要是透過不法金流流動軌跡，發掘不法犯罪所得，經由洗錢罪追訴遏止犯罪誘因，故洗錢罪的追訴不必然僅以特定犯罪本身經有罪判決確定為唯一認定方式[1]；亦有認為，新法洗錢罪已被立法者當成一個獨立的可罰行為，即使它仍以前置犯罪為前提，但刑法諸多觀念都要跟著調整，要從國際規範來解釋適用我國法[2]。

在舊法時代，最高法院確實曾認為：若前置行為不構成犯罪，則後續行為亦不構成洗錢[3]。但於新法施行後，即使前置行為未被法院判決有罪，但行為人掩飾、隱匿前置行為的所得財產，妨礙了檢調機關對於前置行為及犯罪所得的追查，法院是否得依照新法第4條第2項的規定，將行為人掩飾、隱匿前置行為所得的行為單獨論以洗錢罪？不難想像：檢察官起訴某公司董事A犯背信罪、公司職員B對A的背信罪犯罪所得犯洗錢罪，經第一

---

[1] 參見：徐昌錦（2017），新修正洗錢防制法之解析與評釋：從刑事審判之角度出發，司法周刊第1851期，頁1-25。

[2] 參見：林鈺雄（2017），洗錢防制新法之立法評析，月旦刑事法評論第4期，頁121。

[3] 例如，最高法院98年度台上字第7205號判決：「本件原判決認定：甲○○未與其他投標廠商在標前有何不為價格競爭之犯行，丙○○、乙○○更未參與上開標前磋商行為，均不構成犯罪行為，嗣後渠等所為各轉帳、匯款或簽發支票、兌領等行為，……自不構成洗錢犯行。另丁○○僅係居間協調聯繫，……難認係不法犯罪行為，從而其……自由處分財產行為，不得遽認係掩飾或隱匿重大犯罪所得……。原判決……無不合證據法則或判決理由不備之違法。」最高法院101年度台上字第6482號刑事判決：「『本院（指原審）認定國泰世華保管室內7.4億元中，屬重大犯罪所得財物為……蔡宏圖交付之1億元賄賂，……被告陳水扁、吳淑珍收受元大馬家交付之2億元賄賂，至於其餘金額則無證據證明為被告陳水扁、吳淑珍因重大犯罪所得財物』……如果無訛，則陳水扁、吳淑珍、陳致中、黃睿靚於本件之洗錢行為，僅限於蔡宏圖……所交付之1億元賄賂及元大馬家於……所交付之2億元賄賂……。其餘之4.4億元，並非洗錢罪行為之客體。」

審判決A、B均有罪後，僅有A提起上訴，B洗錢罪部分因為未提起上訴而確定，後經上級審法院判決A背信罪無罪確定。另一種可能的情境是：董事A犯背信罪後逃亡而在通緝中，法院先對公司職員B判決洗錢罪有罪確定，後A經逮捕到案接受審判，卻經法院判決背信罪無罪確定。前述情境的結局皆形成董事A並無犯罪、但職員B卻對A的「犯罪所得」犯洗錢罪的矛盾後果。本文認為，新法增訂第4條第2項，只是藉由立法明確闡釋在追訴洗錢犯罪時，針對「特定犯罪所得」，不必以特定犯罪經有罪判決確定為「唯一」的認定方式，換言之，如果偵查機關能夠藉其他的證據認定被告持有的金錢屬於特定犯罪所得，仍然可以起訴被告犯洗錢罪。但是，若該特定犯罪經法院審理確定無罪，因為已有確定判決否定該所得屬於不法所得，故不符新法第4條規定「特定犯罪所得」之要件；如已因該筆所得遭法院判處洗錢罪，應可循上訴或特別救濟程序翻案。

（三）修正洗錢行為態樣

　　新法修正洗錢行為的態樣，以呼應國際上對於洗錢行為的規範涵蓋「處置」（placement）、「分層化」（layering）及「整合」（integration）各階段行為[4]。新法的洗錢行為，包括（新法

---

[4] 第一階段的「處置」，是指將犯罪所得混入或置放於金融體系，以掩飾該犯罪所得的不法性，例如將犯罪所得存入銀行、兌換外匯、換鈔、購買金融憑證或貴重資產，或混入合法資金進行商業交易。第二階段的「分層化」，是指藉由一連串金融交易，將犯罪所得披上一層層合法的外衣，模糊犯罪所得的真正來源，切斷

第2條）：

1. 意圖掩飾或隱匿特定犯罪所得來源，或使他人逃避刑事追訴，而移轉或變更特定犯罪所得。例如：將犯罪所得移轉登記至他人名下，或以犯罪所得購買易於收藏變價及難以辨識來源的裸鑽等行為。

2. 掩飾或隱匿特定犯罪所得之本質、來源、去向、所在、所有權、處分權或其他權益者。例如：出具假造的買賣契約，掩飾不法金流；以虛假貿易掩飾不法金流；知悉他人有將犯罪所得轉購置不動產的需求，而擔任不動產的登記名義人，或成立人頭公司擔任不動產之登記名義人，以掩飾犯罪所得來源；或提供或販售帳戶予他人掩飾犯罪所得之去向或處理贓款等行為。

3. 收受、持有或使用他人之特定犯罪所得。例如：知悉收受之財物為他人特定犯罪所得，為取得交易獲利，仍收受該特定犯罪所得；專業人士（如律師或會計師）知悉收受之財物為客戶特定犯罪所得，而仍收受。且即使收受他人的特定犯罪所得是出於公開市場上的合理價格交易，仍可能構成洗錢行為。

過去，法院從舊法的立法目的「追查重大犯罪」（舊法第1

其與犯罪行為的關聯性，增加追查的難度，例如將混入金融機構的現金轉換成支票、債券、股票，或將購入的貴重物品資產再行賣出或換購其他資產，或是利用已開設的銀行帳戶進行電子商務或網路銀行交易。第三階段的「整合」，則是將清洗後的資金重新整合進入合法的金融或經濟體制，切斷與犯罪行為的關聯，披上形式上或名義上與一般個人或商業活動的資金相同的外衣。以上參見：王皇玉（2013），洗錢罪之研究：從實然面到規範面之檢驗，政大法學評論第132期，頁228。

條）出發，將洗錢罪的保護法益解釋爲國家對於特定犯罪的追訴及處罰（參見最高法院105年度台上字第739號刑事判決）。故洗錢罪的成立，必須行爲人「主觀上具有掩飾或隱匿其財產或利益來源與犯罪之關聯性，使其來源形式上合法化，以逃避國家追訴、處罰之犯罪意思」；而判斷行爲是否構成洗錢，「應就犯罪全部過程加以觀察，包括有無因而使重大犯罪所得之財物或財產上利益之性質、來源、所在地、所有權或其他權利改變，因而妨礙重大犯罪之追查或處罰，或有無阻撓或危及對重大犯罪所得之財物或財產上利益來源追查或處罰之行爲」（最高法院101年度台上字第531號刑事判決）。簡言之，舊法之下，必須行爲人具有逃避國家追訴特定犯罪的主觀意思，且行爲在客觀上對國家的追訴造成障礙，始構成洗錢罪。僅是對於犯罪所得之財產或利益作直接使用或消費之處分行爲，並不會構成洗錢罪（最高法院98年度台上字第5317號刑事判決）[5]。

然而，新法已經將洗錢防制法之立法目的擴大爲「防制洗

---

[5] 此外，在舊法時代，將犯罪所得交予其他共同正犯（最高法院105年度台上字第739號刑事判決），將犯罪所得匯入檢警得輕易鎖定追查的親友帳戶（最高法院104年度台上字第206號刑事判決），將強盜所得財物交付他人以清償債務並委託代管或匯回台灣（最高法院101年度台上字第900號刑事判決），將貪汙所得支票存入他人帳户（最高法院101年度台上字第531號刑事判決），接受女友將犯罪所得存入自己帳户並提領花用（最高法院98年度台上字第5317號刑事判決），以自己名義典當他人強盜所得財物以供其花用（最高法院95年度台上字第1656號刑事判決），將冒貸所得款項用於清償另筆借款債務（最高法院94年度台上字第7391號刑事判決），以犯罪所得金錢購買股票且在偵查中即坦承（最高法院92年度台上字第3639號刑事判決）等行為，皆可能因檢察官無法證明行為人具有逃避追訴的主觀意思或對追訴造成阻礙，而不構成洗錢罪。

錢，打擊犯罪，健全防制洗錢體系，穩定金融秩序，促進金流之透明，強化國際合作」（新法第1條），似已不再限於舊法的「追查重大犯罪」。則前述法院對於洗錢罪主觀要件（逃避追訴的意思）及客觀要件（對追訴造成阻礙）的要求，是否將因而鬆動？例如，新法第2條第1款（「意圖掩飾或隱匿特定犯罪所得來源，或使他人逃避刑事追訴，而移轉或變更特定犯罪所得」）固然將「意圖」予以明文化，然雖有意圖但客觀上無礙檢調追查犯罪所得的移轉行為（例如貪汙罪行為人將犯罪所得由自己的國內銀行帳戶全數匯款至配偶的國內銀行帳戶），是否構成本款的洗錢行為？

此外，新法第2條第3款將「收受、持有或使用他人之特定犯罪所得」也論為洗錢，而未明文規定行為人主觀上須有掩飾、隱匿犯罪所得或阻礙追查犯罪所得的意思（意圖），是否將大量使向來單純的贓物行為都被論以本款的洗錢行為？試舉一例：某無資力的債務人A，積欠債權人B數十萬元的債務，後來A以特定犯罪所得其中一部分持向B清償債務，B雖知悉A的財產來源是特定犯罪所得，但B也因需錢孔急，而仍基於債權受償的意思而接受A的清償，B此際是否即因為收受A的犯罪所得而犯洗錢罪？或者因為不具有掩飾、隱匿犯罪所得或阻礙追查的意圖，而不構成洗錢罪？

另亦值得質疑的是：新法第2條第3款的立法理由表明是參照維也納公約（United Nations Convention against Illicit Traffic in

Narcotic Drugs and Psychotropic Substances）第3條第1項第c款所增訂；但事實上，公約該條款是命締約國在符合其憲法原則及法律制度基本概念的範圍內，以內國法處罰「取得、占有或使用」（acquisition, possession or use）相關公約所定之藥物（毒品）相關犯罪所生財產（犯罪所得）的行為，且僅在行為人於收受該財產時（at the time of receipt）知悉該財產為犯罪所得的情形下，才予以處罰。新法第2條第3款廣泛地將「收受、持有或使用他人之特定犯罪所得」論為洗錢罪，似乎走得太過了。例如：於「收受」財產時不知為犯罪所得，但嗣後知之，其後的「使用」行為，若僅依照新法第2條第3款的文義，似仍構成洗錢行為。

　　以上因為新法修正洗錢行為態樣而可能在未來司法實務上產生的問題，目前尚未有法院的裁判先例可供參考[6]。將來司法實務是否將因為本次修法而大幅放寬對於洗錢行為的認定，或者會堅守向來對於洗錢罪主觀及客觀要件的要求，或參照國際公約的意旨解釋適用新法，仍有待觀察。

（四）增訂特殊洗錢罪

　　新法增訂特殊洗錢罪。依照新法第15條規定，收受、持有

---

[6] 目前，有論及檢察官起訴之犯罪事實是否構成新法洗錢罪的判決，都是有關於舊法之下本來就構成洗錢罪的行為，且因為被告洗錢行為時新法尚未施行，故仍適用舊法。例如臺灣彰化地方法院106年度易字718號刑事判決、臺灣彰化地方法院106年度簡字1239號刑事判決、臺灣桃園地方法院106年度桃簡字240號刑事判決（以上三例皆為提供金融卡及密碼給詐騙集團使用）、臺灣桃園地方法院105年度金訴字3號刑事判決（地下通匯業者將詐騙集團之詐騙所得匯至中國）。

或使用之財物或財產上利益，有下列情形之一，而無合理來源且
與收入顯不相當者，處六月以上五年以下有期徒刑，得併科新臺
幣500萬元以下罰金，且處罰未遂犯：

1. 冒名或以假名向金融機構申請開立帳戶。

2. 以不正方法取得他人向金融機構申請開立之帳戶。例
如：向不具有信賴關係的他人租用、購買或以詐術取得其帳
戶[7]。

3. 規避洗錢防制法第7條至第10條所定洗錢防制程序。例
如：提供不實資料，或將大額通貨交易拆解為多筆小額交易。

特殊洗錢罪的構成要件包含財產「無合理來源」，可以預期
將來在司法實務上將造成舉證責任倒置的效果，使被告必須向檢
察官或法院說明財產來源，始能免於罪責。此令人聯想到貪汙治
罪條例第6條之1的財產來源不明罪[8]，而可能有違反刑事訴訟上
無罪推定及不自證己罪原則的疑慮。本文認為：至少仍須由檢察
官先舉證證明被告有上述三種情形之一後，被告才有負有義務說
明該等所得的合理來源。

---

[7] 例如臺灣士林地方法院106年度審訴字第450號刑事判決、臺灣桃園地方法院105年
度訴字第962號刑事判決，法院認為向他人收購、取得帳戶供詐騙集團作為收取
詐騙款項之用，構成新法的特殊洗錢罪（但因為被告行為時新法尚未施行，故法
院認為該部分行為無罪）。

[8] 「公務員犯下列各款所列罪嫌之一，檢察官於偵查中，發現公務員本人及其配
偶、未成年子女自公務員涉嫌犯罪時及其後三年內，有財產增加與收入顯不相當
時，得命本人就來源可疑之財產提出說明，無正當理由未為說明、無法提出合理
說明或說明不實者，處五年以下有期徒刑、拘役或科或併科不明來源財產額度以
下之罰金：……。」

此外，將來司法實務上在適用本條文時，可能亦須釐清特殊洗錢罪所欲處罰的行為為何？究竟是「收受、持有或使用財物或財產上利益（而無合理來源且與收入顯不相當）」的行為，或是「冒名或以假名向金融機構申請開立帳戶」等三種情形之一？由於本罪處罰未遂犯，因此，本罪所指的犯罪行為為何，涉及到認定未遂犯的著手時點；此外，此一問題又可能衍生其他問題，例如：若僅是將自己帳戶賣給詐騙集團，而不知亦未參與收受、持有或使用詐欺犯罪所得的行為，是否構成本罪的幫助犯或共同正犯？

　　再者，本罪在舊法並無相同的處罰規定，若行為人收受、持有或使用財產及財產上利益的行為是在本次法律修正之前，且新法通過後，已無繼續持有或使用的行為，基於罪刑法定主義、法律不溯及既往原則，自不構成本罪。但新舊法之間的過渡亦可能衍生問題，例如：若在新法施行前即已使用假名開立帳戶，而於新法施行後始以該假名帳戶收受或持有財物，能否論以特殊洗錢罪？或者反之，於新法施行前已收受或持有財物，而於新法施行後始以假名開立帳戶，是否該當本罪？又或者，於新法施行前已開立假名帳戶並以之持有財物，且此狀態持續至新法施行後，是否構成本罪？

　　除此以外，本罪既屬洗錢罪之一，其犯罪之成立，仍須連結到與掩飾、隱匿不法所得來源相關的法益侵害，因此，只有單純的收受、持有或使用財產、利益，但無法說明來源或與收入顯

不相當之行為，或只有單純冒名開立帳戶的行為，均不應構成本罪；法律將二者併規定為本罪的構成要件，則二者必須要有一定連結。此連結是否應為將收受或持有之財產存入冒名帳戶，或自冒名帳戶中提領使用之客觀事實，或雖尚未提領或存入帳戶，但係以此目的而開設、取得帳戶，並有將利用該帳戶存取該財產之主觀意圖，並將此一連結，作為本罪補充之構成要件，以限縮本罪之適用，似有進一步討論之必要。

　　以上僅提出新法的特殊洗錢罪將來可能發生的法律適用問題。至於法院將來如何適用本條文並釐清疑義，仍有待觀察。

三、新修正洗錢防制法之管制架構

　　新法的另一重點為明訂前端的金流軌跡管制架構，以法律規定或授權主管機關指定特定業者，該特定業者依法須訂定防制洗錢的內控程序並遵守目的事業主管機關訂定的防制洗錢注意事項，並且負有確認客戶身分、留存客戶身分資料、留存交易紀錄、申報特定交易等義務。新法一方面將非金融業者，但其業務特性或交易型態容易為洗錢犯罪利用的事業或人員，也納入負有防制洗錢義務之的特定業者；另一方面強化其等確認客戶身分、留存客戶身分資料、留存交易紀錄、申報特定交易的義務，並新增或提高目的事業主管機關的罰鍰處分，藉以督促業者遵法。

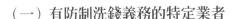

（一）有防制洗錢義務的特定業者

依新修正洗錢防制法第5條，有防制洗錢義務的特定業者，可分為「金融機構」及「指定之非金融事業或人員」兩種。

1. 金融機構

適用新法的金融機構，包含：銀行、信託投資公司、信用合作社、農會信用部、漁會信用部、全國農業金庫、辦理儲金匯兌之郵政機構、票券金融公司、信用卡公司、保險公司、證券商、證券投資信託事業、證券金融事業、證券投資顧問事業、證券集中保管事業、期貨商、信託業，以及其他經金管會指定之金融機構（參見新法第5條第1項），例如電子票證發行機構及電子支付機構（金融監督管理委員會104年6月5日金管銀票字第10440002670號令）、保險經紀人公司及保險代理人公司（金管會民國101年3月5日金管保理字第10102541951號令）、期貨信託事業及期貨經理事業（金管會98年2月10日金管證法字第0980001054號令）。

此外，新法「考量融資性租賃在目前金融活動中轉趨重要，且為洗錢態樣之一，風險趨高」，因此也規定融資性租賃業者適用洗錢防制法關於金融機構的規定（參見新法第5條第2項及立法理由）。

2. 指定之非金融事業或人員

新法的重點之一，在於將非金融事業或從業人員也納入防制

洗錢的行列。但由於其業務內容、交易型態及適用新修正洗錢防
制法的範圍，與金融機構並非全然相同，故指定之非金融事業或
人員僅於從事特定的交易類型時，方有防制洗錢的義務。

　　依據新法第5條第3項，所謂指定之非金融事業或人員，包
含：

(1) 銀樓業。

(2) 地政士及不動產經紀業：從事與不動產買賣交易有關之
行為。

(3) 律師、公證人、會計師，為客戶準備或進行下列交易：
買賣不動產；管理金錢、證券或其他資產；管理銀行、儲蓄或證
券帳戶；提供公司設立、營運或管理服務；或法人或法律協議之
設立、營運或管理以及買賣事業體。

(4) 信託及公司服務提供業，為客戶準備或進行下列交易：
擔任法人之名義代表人；擔任或安排他人擔任公司董事或秘書、
合夥人或在其他法人組織之類似職位；提供公司、合夥或其他型
態商業經註冊之辦公室、營業地址、居住所、通訊或管理地址；
擔任或安排他人擔任信託或其他類似契約性質之受託人或其他相
同角色；或擔任或安排他人擔任實質持股股東。

(5) 其他業務特性或交易型態易為洗錢犯罪利用之事業或從
業人員，經相關主管機關指定者，例如：第三方支付服務業（參
見法務部103年2月19日法令字第10204554850號令、經濟部103
年2月19日經商字第10202146100號令）；律師及會計師，擔任

法人之名義代表人，擔任或安排他人擔任公司董事或秘書、合夥人或在其他法人組織之類似職位，提供公司、合夥或其他型態商業經註冊之辦公室、營業地址、居住所、通訊或管理地址，擔任或安排他人擔任信託或其他類似契約性質之受託人或其他相同角色，或擔任或安排他人擔任實質持股股東（行政院106年6月27日院臺法字第1060091612號令）。

　　需特別注意，依照新法，獨立執業的專業人士，即使並非「機構」，亦得為所謂「指定之非金融事業或人員」，而負有洗錢防制法所規定的義務。

（二）防制洗錢注意事項之訂定及執行

　　適用洗錢防制法的金融機構，應訂定防制洗錢注意事項，報請中央目的事業主管機關備查，其內容應包括：防制洗錢及打擊資恐之作業及內部管制程序、定期舉辦或參加防制洗錢之在職訓練、指派專責人員負責協調監督本注意事項之執行，以及其他經中央目的事業主管機關指定之事項（新法第6條第1項）。新法並特別要求金融機構應將打擊資助恐怖主義活動的作業及內部管制程序納入其防制洗錢注意事項。金融業者應更注意金管會和法務部調查局對於洗錢或資恐的高風險國家或地區採取的措施及通報，尤其是金管會依照新法第11條，得令金融機構強化相關交易之確認客戶身分措施、限制或禁止金融機構與洗錢或資恐高風險國家或地區為匯款或其他交易，或採取其他與風險相當且有效之

必要防制措施;金融機構亦應比以往更主動掌握國際組織關於洗
錢防制及打擊恐怖主義的管制動向,以及早因應金管會和法務部
調查局可能採取的國內管制措施。

　　至於指定之非金融事業或人員,新法授權中央目的事業主
管機關得訂定防制洗錢注意事項(新法第6條第2項)。連同新法
其他規定授權各目的事業主管機關訂定的防制洗錢相關辦法,目
前已有:金管會訂定會計師防制洗錢辦法、會計師防制洗錢注意
事項;經濟部訂定銀樓業防制洗錢與打擊資恐施行及申報辦法、
銀樓業防制洗錢及打擊資恐注意事項;內政部訂定地政士及不動
產經紀業防制洗錢辦法、地政士及不動產經紀業防制洗錢及打擊
資恐注意事項;法務部訂定律師辦理防制洗錢確認身分保存交易
紀錄及申報可疑交易作業辦法、律師辦理防制洗錢作業應行注意
事項;司法院則訂定公證人辦理防制洗錢確認身分保存交易紀錄
及申報可疑交易作業辦法、公證人辦理防制洗錢作業應行注意事
項。

　　因此,新法上路後,上開業者或從業人員,均有義務依其行
業執行相關防制洗錢注意事項,並接受主管機關定期查核,如有
規避、拒絕或妨礙查核,將遭處以罰鍰(新法第6條第3項、第4
項)。

(三)確認客戶身分及留存客戶身分資料

　　新法擴大「確認客戶身分」(即所謂「know your customer」、

「KYC」）的義務。首先，負有確認客戶身分義務的業者，不再限於金融機構，而包含指定之非金融事業或人員。其次，確認客戶身分的時點，不再如舊法第7條、第8條限於一定金額以上的通貨交易及疑似犯洗錢罪或資助恐怖活動罪；而是應採取「風險基礎方法」，即隨著客戶背景、客戶的行為、交易的類型、金流的來源與去向等因素的不同，評估洗錢及資助恐怖主義活動的風險，並因不同風險，異其身分確認程序的寬嚴繁簡。再者，確認客戶身分的對象，也擴大及於「實質受益人」（beneficial owner），而非僅限於直接往來的交易對手（參見新法第7條第1項）。

此外，考量到具有重要公眾職務之人，更可能濫用地位與影響力而從事洗錢、資助恐怖活動、貪汙或其他特定犯罪，新法增訂「PEP條款」：若客戶屬於「現任或曾任國內外政府或國際組織重要政治性職務之客戶（即所謂「politically exposed persons」或「PEPs」）或受益人與其家庭成員及有密切關係之人」，則應以風險為基礎，執行「加強客戶審查」程序（參見新法第7條第3項）。

新法明定金融機構及指定之非金融事業或人員，應留存確認客戶身分所得之資料，且自業務關係終止時起至少保存五年；若是臨時性交易（例如未開戶的客戶所從事的換鈔、現金收付、轉帳等），則應自臨時性交易終止時起保存五年（新法第7條第2項）。

若金融機構或指定之非金融事業或人員違反確認客戶身分的義務或保存客戶身分資料的義務，將受主管機關的罰鍰處分；相較於舊法的100萬元，新法提高了對於金融機構的罰鍰額度至最高1,000萬元（新法第7條第5項）。

1. 關於實質受益人

　　「實質受益人」的認定標準，隨著金融機構和指定之非金融事業或人員所適用的防制洗錢注意事項或相關辦法而異。以會計師、律師及公證人為例，實質受益人是指直接或間接持有法人客戶股份或資本超過25%的個別自然人；但於金融機構、地政士及不動產經紀業的情形，實質受益人的定義更廣，而可能須從持股、出資、控制權、經營管理階層、信託或相類契約的條款內容等方面確認。總之，新法施行後，業者為了審查實質受益人，將須審查客戶的控制權結構、經營管理人員組成及信託或法律協議內容。

2. 關於PEP條款

　　金融機構或指定之非金融事業及人員在確認客戶身分時，應檢驗客戶及實質受益人是否屬於法務部訂定的「重要政治性職務之人與其家庭成員及有密切關係之人範圍認定標準」（下稱「PEP認定標準」）所列的國內外或國際組織重要政治性職務之人、其家庭成員，或是與重要政治性職務之人有密切關係之人（參見PEP認定標準第2條至第4條、第6條及第7條）。若客戶或

實質受益人屬於前述身分類別之一，即應以風險爲基礎，執行「加強客戶審查」程序（新法第7條第3項）。但法務部亦特別澄清：對於PEP並非一律皆應採取加強客戶審查，仍然應先以風險爲基礎進行審查[9]。至於PEP的身分確認程序及加強審查，應分別遵循各事業的防制洗錢注意事項及相關辦法。

應注意者，重要政治性職務之人即使已經離職，業者仍應以風險爲基礎，評估其影響力，以決定是否對其進行加強客戶審查程序；評估其影響力時，至少應考量其擔任重要政治性職務之時間，以及離職後所擔任之新職務與其先前重要政治性職務是否有關聯性（PEP認定標準第5條）。經評估後，若認爲已離職之重要政治性職務之人仍應適用加強客戶審查程序，則對於其家庭成員或有密切關係之人，亦應以風險爲基礎執行加強客戶審查程序（PEP認定標準第8條）。

爲了辨識PEP，業者未來應留意客戶資料的更新，強化商業資料庫的建置、使用及連結，更須掌握主管機關及國際組織對於PEP的相關資訊，並從網路、電子媒體資源、財產申報系統等多方來源獲取資訊。

（四）留存交易紀錄

舊法僅要求金融機構對一定金額以上之通貨交易以及疑似犯

---

[9] 參見：有關「重要政治性職務之人與其家庭成員及有密切關係之人範圍認定標準」問答集。

洗錢罪或資助恐怖活動罪之交易，留存交易紀錄憑證（舊法第7條、第8條）。新法擴大留存交易紀錄的義務，要求金融機構及指定之非金融事業或人員因執行業務而辦理國內外交易，皆應留存必要交易紀錄至少五年（或其他法律所規定的較長期間）（新法第8條第1項、第2項）。留存交易紀錄的適用交易範圍、程序及方式，則依照前述各行業之防制洗錢注意事項及防制洗錢辦法的規定（新法第8條第3項）。

　　若金融機構或指定之非金融事業或人員違反留存交易紀錄的義務，將受主管機關的罰鍰處分；新法亦提高對於金融機構的罰鍰額度至最高1,000萬元（新法第8條第4項）。

（五）申報大額交易及可疑交易

　　舊法本已要求金融機構向法務部調查局申報一定金額以上的通貨交易，以及疑似犯洗錢罪或資助恐怖活動罪之交易；違反申報義務的金融機構將受最高100萬元的罰鍰處分（舊法第7條、第8條）。

　　新法修正後，無論金融機構或指定之非金融事業或人員，皆應向法務部調查局申報下列交易：

　　1. 一定金額以上之通貨交易（新法第9條）；但地政士、不動產經紀業、律師、會計師及公證人，已受主管機關指定無須申報一定金額以上之通貨交易（參見新法第5條第4項、106年6月27日行政院院臺法字第1060091612號令、106年8月4日行政院院

臺法字第1060178527號暨司法院院台廳民三字第1060020568號令）。

　　2. 疑似犯新法第14條洗錢罪之交易（新法第10條）。

　　3. 疑似犯新法第15條特殊洗錢罪之交易（新法第10條）。

　　關於一定金額的標準、通貨交易之範圍、種類、申報之範圍、方式及程序，則應依照主管機關訂定的辦法（新法第9條第3項、第10條第3項）。目前金融機構、農業金融機構及銀樓業的大額交易申報門檻皆為新臺幣50萬元。

　　若金融機構或指定之非金融事業或人員違反申報特定交易的義務，將受主管機關的罰鍰處分（新法第9條第4項、第10條第5項）。新法除了提高對於金融機構的罰鍰額度至最高1,000萬元以外，也刪除了金融機構證明其從業人員無故意或過失時可以免責的規定（舊法第8條第4項），避免金融機構以訂定內稽內控規定方式免除責任。

　　履行申報義務的業者，雖依法得對客戶免除業務上的保密義務（新法第9條第2項、第10條第2項），但業者仍應特別注意：不得向他人洩漏或交付關於申報或犯罪嫌疑的文書、圖畫、消息或物品，否則將面臨二年以下有期徒刑、拘役或新臺幣50萬元以下罰金的刑責（新法第17條第2項）。

四、結論

對舊法時代的管制重點對象即金融業者而言，新法施行後的許多防制洗錢規範或許僅是舊法的進一步延伸與細緻化，稱不上大刀闊斧的改革；但2016年兆豐銀行紐約分行因洗錢防制機制不完備等缺失，遭到美國紐約州金融服務署（DFS）重罰新臺幣57億元的殷鑑不遠，金融業者須體認國內外防制洗錢的嚴厲執法趨勢，謹慎遵循法令。其他被新法納入的非金融事業或人員，則應熟悉洗錢防制法令，儘速建置事業內部防制洗錢標準審查流程，將防制洗錢的觀念及程序融入日常業務，提高對疑似洗錢交易之風險意識。此次法律修正後，防制洗錢之程序更為繁雜，一旦違反，即有可能受到重罰甚或觸犯洗錢相關犯罪，受規範者宜諮詢法律專業規劃防制洗錢內規，協助法令遵循。

至於新法修正洗錢相關犯罪，擴大對洗錢的追訴，但本文也指出洗錢罪的相關修正可能在司法實務上衍生一些法律解釋適用的問題。這些問題攸關洗錢犯罪偵查作為能否在審判中通過法院的判決檢驗，也是洗錢罪的被告能否在審判中透過辯護律師提出有效辯解的關鍵所在，因此，檢、辯須隨時掌握法院就具體案件之判決動態及見解，方能在洗錢案件中為有效之攻防。

6 企業集團之治理、問題與實踐

張炳坤／吳孟融

一、前言

　　自20世紀以來，隨著經濟全球化的發展，各國的經濟疆界逐漸模糊，企業所面臨之競爭，不僅來自於國內同業之競爭，也來自於國外之競爭對手，甚至不同領域突然冒出之第三者。企業為追求多角化經營、控制新事業的投資風險或跨國經營之所需，常以設立新公司之方式加以處理，久而久之，逐漸形成大型的集團企業，而成為各國經濟發展上最重要的組織型態[1]，例如日本的三菱集團、三井集團；韓國的三星集團、現代集團；我國的台塑集團、鴻海集團、長榮集團等等。

　　就經濟觀點而言，企業集團可依其營運發展需要，統一指揮集團下各個公司，分配各公司經營項目、訂單、採購、人事等，以為資源有效之配置、因應外在環境之變化及增加競爭力，同時透過股東有限責任原則之運用，可分散經營而降低單一產業所帶來的風險及波動程度。

　　就法律制度而言，集團企業內之人事、財務、業務方面，

---

[1]　周宇著，現代企業集團財務戰略研究，元華文創股份有限公司，2015年，頁1-3。

雖是由集團內之掌控者統籌、規劃及管理，但在法律上卻是獨立
的個體（獨立的法人格），而我國公司法及證券交易法等是以單
一公司法人為規範對象，公司證券法規所設計的內部治理及監督
機制，多未將集團企業間之情形納入規範[2]，雖2007年公司法修
訂時，增訂「關係企業」專章（公司法第369條之1至第369條之
12），但偏重於關係企業之定義（公司法第369條之1至之3及之
9）及從屬公司少數股東及債權人之保護，如控制公司濫用控制
力使從屬公司為不合營業常規之行為（公司法第369條之4至之
5）、從屬公司少數股東及債權人之保護（公司法第369條之4、
之5及之7）、相互投資公司間表決權行使之限制（公司法第369
條之10）、關係企業形成之告知義務（公司法第369條之8）、
關係企業之資訊公開（公司法第369條之12）等，似仍停留在個
別單一公司法人之思考層次，未能充分反應控制公司負責人具有
統一指揮整體集團業務經營及分配利益之特質[3]。其後，公司法
對於相關條文雖為因應實際需要而有局部修訂（如第8條第3項、
第154條第2項），但卻顯得零散與破碎。

　　由於集團企業規模龐大，占整體經濟比重頗高，利害關係人
數量甚多，一旦發生弊端，其影響不亞於一場小型的金融風暴，
先前力霸集團瓦解的殷鑑不遠。近來案例則有永豐金控及永豐餘

---

[2] 王志誠著，控制公司股東會之權限範圍及跨越行使，企業與金融法制：余雪明大
法官榮退論文集，2009年1月1日，頁3。

[3] 王志誠著，集團監理機制：關係企業治理機制之解構與建構——兼論金融集團之
內部監控，中正財經法學第1期，2010年1月，頁5。

集團何姓負責人為圖一己之便，使永豐金控旗下海外子公司借款予特定關係人，同時以預付租金等名目，將上市公司永豐餘及元太科技之資金匯出等[4]，而引起不小風暴（以下簡稱「永豐金背信案」）。在在突顯集團治理之重要性與法律規範之不足。

本文是從集團治理之角度，就集團企業的人事、業務及財務等方面切入，並觀察實務運作之情形，來探討目前公司法及證券交易法等相關法令所架構之規範有何不足之處，並提出相對應之建議，冀能有助於建構出較全面的集團企業治理架構，透過完善法規上之闕漏來解決實務運作上所產生之問題，進而達到保障股東及債權人、穩定社會經濟之目標。

二、「產金分離原則」之確立

集團企業不僅規模大，且多有跨足金融業者，就金融監理而言，有所謂的「產金分離原則」（金融控股公司法第36條及第37條；銀行法第74條及第74條之1，與保險法第146條及第146條之1參照），由於金融業收受大眾的存款或資金，具有社會公器的性質，若金融業的經營者同時也經營其他產業，則金融業勢必難以中立營運，而有圖利自身公司，將金融業當成自家金庫的嫌疑，不僅產生不公平競爭之情事，且可能將風險轉嫁給存款戶，進而影響公共利益。

---

[4] 參見臺灣臺北地方法院檢察署新聞稿（發稿日期：2017年8月17日）。

　　然在我國，產金不分離的情況卻時有所聞，2006年力霸案爆發時，力霸集團旗下的中華商業銀行亦引發擠兌危機，當時即因未落實產金分離原則，導致力霸集團創辦人王又曾大規模違法超貸中華商業銀行、以及掏空力霸公司及嘉食化公司等，最後在金融重建基金的金援與中央存保公司的接管下，中華商業銀行由香港上海匯豐銀行收購[5]，始平息此一風暴，但國庫也付出慘痛的代價（賠付474億元）。

　　近來則有永豐金背信案，在產金分離原則下，永豐金何姓負責人因擔任永豐金董事長，而不能再擔任一般產業公司的董事長，但據媒體報導，該何姓負責人仍擔任永豐餘的董事，其在永豐餘仍設有秘書，可隨意指揮[6]；另據該案起訴書新聞稿所示，在永豐餘之內部簽呈上，除呈給「董事長邱」外（永豐餘公司之法律上董事長），亦有呈給「董事長何」之字樣。因此，媒體即以「虛偽的產金分離造就『何○川們』」，並引學者之意見認為產金不分離的惡果，除了大眾資金變成大股東的小金庫，妨礙金融穩定外，還會導致社會不平等惡化。因此，如何真正落實「產金分離原則」，是討論集團治理應先探討之課題。

---

[5]　《力霸「王家」興衰傳奇》新聞專輯－中時電子報新聞專輯，http://forums.china-times.com/report/chinarebar/focus/96011603.htm（最後瀏覽日：2017/10/9）。

[6]　參見盧沛樺，虛偽的產金分離 造就「何壽川們」，天下雜誌，2017年8月24日，http://www.cw.com.tw/article/article.action?id=5084597（最後瀏覽日：2017/10/9）。

三、總管理處之法律定位與爭議

　　在我國集團企業中，有許多會設置總管理處，以中央集權的方式統一決策、管理或協調集團企業中各公司的經營[7]。2016年2月，長榮集團因創辦人暨總裁張榮發過世，爆發子女爭產風波，二房獨子張國煒依照張榮發之遺囑宣布接任長榮集團總裁，然引起大房子女反對，而發布「人事異動」內部公告裁撤總管理處，即自2016年2月22日起，取消長榮集團管理總部組織，讓張國煒當了「一日總裁」[8]（以下簡稱「長榮集團爭產風波」）。由於總管理處並非法人組織，亦非公司法所規定公司的法定機關，因此不論是經濟部的公司登記資訊或公開資訊觀測站均無需揭露相關訊息，故長榮集團裁撤掉法律上的「黑機關」總管理處，也無須辦理變更登記、發布重大訊息，或依公司法所定的法律程序為之。

　　就法律層面而言，總管理處並非公司法所規範之法定機關組織，亦不具有經營決策或管理等法律上權限，然在實際運作上，集團企業多以總管理處統籌決策集團企業中各公司之事項，再形式上由各公司之董事會（亦是由集團企業中法人指派代表人擔任

---

[7]　劉連煜著，關係企業設有「總管理處」組織之法律問題，公司法理論與判決研究，2002年5月，頁333。

[8]　長榮文件曝光 裁撤總管理處，聯合影音，2016年2月22日，https://video.udn.com/news/444671；張國煒真成「一日總裁」？蔡玉真：長榮已沒有總部，自由時報，2016年2月22日，http://news.ltn.com.tw/news/business/breakingnews/1609615（最後瀏覽日：2017/10/9）。

董事）或由股東會通過決議，完全架空公司法所設計之內部治理架構，並混淆公司法原先的當責設計，此外，因資訊不透明，且缺乏內部（如董事會或股東會）及外部（對主管機關及第三人的資訊揭露）的監督機制，進而影響股東及債權人的權益，而造成公司治理或集團治理之死角。

2012年1月4日公司法修訂時，公司法第8條第3項增訂「實質董事」的規範，亦即「公開發行股票之公司之非董事，而實質上執行董事業務或實質控制公司之人事、財務或業務經營而實質指揮董事執行業務者，與本法董事同負民事、刑事及行政罰之責任」。跳脫公司法傳統上形式主義之窠臼，以實質方式認定公司之負責人[9]，並使其負起公司負責人之責任，冀能解決名實不符之問題，並避免實際掌控公司者以不擔任董事或經理人之方式，規避法律責任。有論者以為其影響所及，對於總管理處此種非公司組織，如基於控制權而對集團內從屬公司為不合營業常規之行為時，亦能透過實質董事之認定，使其負起相關責任，以補充關係企業專章僅限於控制公司之情形[10]。

需注意的是，公司法第8條第3項之適用對象，僅限於「公開發行股票之公司」，對非公開發行公司並無適用[11]。再者，增

---

[9] 周振鋒著，評公司法第8條第3項之增訂，中正財經法學第8期，2014年1月，頁9。
[10] 同前註，頁35。
[11] 經濟部於2017年7月4日所提出之「公司法部分條文修正草案條文對照表」中，公司法第8條第3項實質董事之規定已不再限公開發行股票之公司，希藉以強化公司治理並保障股東權益。

訂公司法第8條第3項之規定，雖可使實質董事負擔與董事相同之責任，但因總管理處並非法定組織，亦無需揭露相關資訊，如何認定某人是否確有「實質上執行董事業務」、「實質控制公司之經營而實質指揮董事執行業務」，舉證上小不無困難。另外，公司法第8條第3項並未提供明確的操作標準，實務運作上能發揮多少功能尚待觀察，因此，總管理處之相關問題，是否因公司法第8條第3項之增訂而迎刃而解，仍屬可疑。

四、始作俑者——法人董事代表制度

　　董事會之治理與監督是公司治理的核心與關鍵，然依公司法第27條之規定：「（第1項）政府或法人為股東時，得當選為董事或監察人。但須指定自然人代表行使職務。（第2項）政府或法人為股東時，亦得由其代表人當選為董事或監察人。代表人有數人時，得分別當選，但不得同時當選或擔任董事及監察人。（第3項）第一項及第二項之代表人，得依其職務關係，隨時改派補足原任期」。此等規定賦予集團控制者掌控集團內各公司人事的法律權利，質言之，在運作上，集團控制者只需要掌握頂層少數幾家控股公司的經營權，並由該控股公司指派數代表人分別當選從屬公司董事，即可透過控制董事會進而控制從屬公司業務之經營，此外，公司法第27條第3項並賦予控制公司（法人股東）可以隨時改派其他代表人補足原任期之權利，更加鞏固及確保對人事方面的控制力。

　　前述公司法第27條之規定，是我國特有之規範，原先爲因應公營事業民營化後，政府能以便宜之方式繼續掌握民營化後之公司經營所爲之設計[12]，但之後卻有如「魔戒」一般，欲罷不能。2012年1月4日公司法修訂時，雖於該條第2項增訂但書「不得同時當選或擔任董事及監察人」之規定，但形式意義大於實質，質言之，就集團企業而言，只需由兩家不同公司的代表人分別當選董事及監察人，即可輕易迴避法律之規定，影響所及，乃根本破壞公司法所設計有關監察人之監督與制衡機制。

　　依證券交易法第14條之2第1項之規定：「已依本法發行股票之公司，得依章程規定設置獨立董事。但主管機關應視公司規模、股東結構、業務性質及其他必要情況，要求其設置獨立董事，人數不得少於二人，且不得少於董事席次五分之一。」主管機關並要求至2016年起所有上市櫃公司均應強制設置「獨立董事」。依同條第3項第2款之規定，獨立董事不得「依公司法第27條規定以政府、法人或其代表人當選」（即只能以自然人身分當選）；另爲確保其獨立性，獨立董事不能「持有公司已發行股份總額1%以上[13]」；而獨立董事之選舉，係採候選人提名制度，股東應就獨立董事候選人名單中選任之[14]。影響所及，獨立董事必須獲得大股東之青睞及支持，才有可能獲得提名並於股東會選

[12] 黃銘傑著，揮別天龍國時代的法人董監委任關係之解釋——評最高法院一〇一年度台上字第七〇〇號判決，月旦法學雜誌第215期，2013年4月，頁148。
[13] 公開發行公司獨立董事設置及應遵循事項辦法第3條第1項第3款。
[14] 公開發行公司獨立董事設置及應遵循事項辦法第5條第1項。

舉時當選之。

　　在前述長榮集團爭產風波中，雖然張榮發總裁之遺願（立於遺囑之中），是希望二房獨子就任集團總裁，但因大房子女由源頭取得「張榮發慈善基金會」之控制權，而依法改派代表人拔除張國煒之董事（長）身分（當時長榮航空董事長張國煒係以張榮發慈善基金會代表人之身分當選董事及擔任董事長），雖張國煒緊急改以維京群島商華光投資公司代表人之身分繼續擔任董事，但在該次選舉董事長之議案上，三名獨立董事並未遵循張榮發總裁遺願，反而一面倒改支持大房子女所提名之董事長人選。

　　就公司法第27條之規範而言，法人之性質是否適合擔任董監事，在本質上即有疑問[15]，再者，當選董監事之法人得以自己之意思改派代表人，改變股東透過累積投票制所選任之人選，亦違反股東民主原則。學者雖多建議直接刪除本條之規定[16]，然公司法歷經多次修訂，本條之規定卻依然不動如山[17]。從公司治理的角度出發，集團中各個公司的董事及監察人仍應對該公司的股東負責，而非完全聽從集團控制者的命令，法人代表制度不但混淆了董監事應負責任的對象，因為法人得隨時改派代表人，更使

---

[15] 廖大穎著，評公司法第27條法人董事制度——從台灣高等法院91年度上字第870號與板橋地方法院91年度訴字第218號判決的啟發，月旦法學雜誌第112期，2004年9月，頁209-212。
[16] 黃銘傑著，同註12，頁166；周振鋒著，母子公司代表人得否同時當選被投資公司之董事及監察人——評最高法院104年台上字第35號民事判決及其歷審判決，台灣法學雜誌第282期，2015年10月，頁38。
[17] 經濟部於2017年7月4日所提出之「公司法部分條文修正草案條文對照表」中，公司法第27條並未有任何修正。

得當選之董監事無法獨立的行使職權，正本清源之道，似應刪除本條規定而回歸由自然人當選董監事之制度。

五、集團企業間之交易

　　有關集團內各企業之規範，現行公司法並無明確之規範，而散落於各該規定之中，諸如董事或股東對於會議之事項，有自身利害關係致有害於公司利益之虞時，不得加入表決，且不得代理他股東行使其表決權（公司法第178條及第206條第3項）；董事為自己或他人與公司為買賣、借貸或其他法律行為時，由監察人為公司之代表（公司法第223條）。而公司法第369條之4第1項規定：「控制公司直接或間接使從屬公司為不合營業常規或其他不利益之經營，而未於會計年度終了時為適當補償，致從屬公司受有損害者，應負賠償責任。」更明文承認控制公司得為整體集團之利益，使從屬公司為不合營業常規或不利益之經營（以下簡稱「非常規交易」），只是基於從屬公司債權人及股東之保護，會計年度終了時為需為適當補償而已。

　　如屬公開發行股票之公司，有關集團內各企業間之交易，因屬關係人交易，應於財報中揭露。另依公開發行公司取得或處分資產處理準則（以下簡稱「取處辦法」）第7條第2項之規定，有關公開發行公司之關係人交易，原則上應依取處辦法所訂定處理程序為之。依處取辦法及證券交易法第14之5條等規定，如交易金額達公司實收資本額20%或新臺幣3億元以上或總資產10%以

上者，應先洽請會計師就交易價格之合理性表示意見，並提請審計委員會及董事會決議通過；此外，如係向關係人取得或處分不動產，則有更詳細之規範。

另為防範掏空公司及利益輸送，證券交易法是採刑事處罰加以遏止。依證券交易法第171條第1項第2款之規定：「已依本法發行有價證券公司之董事、監察人、經理人或受僱人，以直接或間接方式，使公司為不利益之交易，且不合營業常規，致公司遭受重大損害[18]，處三年以上十年以下有期徒刑，得併科新臺幣一千萬元以上二億元以下罰金。」然如對照公司法第369條之4第1項之規定，在法律的適用上將產生困擾。詳言之，公司法第369條之4第1項對於非常規交易是採容許之態度，亦即明文承認關係企業間得為整體集團之利益，使從屬公司為不合營業常規或不利益之經營，只需於會計年度終了時為適當補償而已，然依證券交易法第171條第1項第2款卻是採明文禁止之態度。再者，對於關係企業間之非常規交易，如造成（公開發行）公司遭受重大損害，是否將因控制公司於會計年度終了時已為適當補償而豁免相關刑事責任？亦不無疑義[19、20]。在法制上似刪除公司法第369

---

[18] 在若干情形，可能會與第171條第1項第3款產生競合。

[19] 相關評論及意見，請參見王志誠著，同註3，頁9-15。

[20] 集團企業間之交易，尚可能涉及所得稅法第43條之1：「營利事業與國內外其他營利事業具有從屬關係，或直接間接為另一事業所有或控制，其相互間有關收益、成本、費用與損益之攤計，如有以不合營業常規之安排，規避或減少納稅義務者，稽徵機關為正確計算該事業之所得，得報經財政部核准按營業常規予以調整」。有關移轉定價及課稅之問題，受限於篇幅及專業，暫且不論。

1 現代企業經營法律實務

條之4之規定較為適宜[21]。

六、集團企業間之資金融通與擔保

公司法對公司借貸及保證的限制，僅規定於第15及16條而已，且內容相當寬鬆。依公司法第15條之規定：「公司之資金，除有左列各款情形外，不得貸與股東或任何他人：一、公司間或與行號間有業務往來者。二、公司間或與行號間有短期融通資金之必要者。融資金額不得超過貸與企業淨值的百分之四十。」依公司法第16條之規定：「公司除依其他法律或公司章程規定得為保證者外，不得為任何保證人。」然何謂有「短期融通金之必要」屬不確定法律概念，無明確依據，而流於公司自行判斷；至於背書保證之限制，法條中已明文規定得以章程加以排除。

如屬公開發行股票之公司，有關公司間之資金融通及擔保，則應依公開發行公司資金貸與及背書保證處理準則。在資金貸與方面，依該準則第3條之規定，除應遵循公司法第15條之規定外，公司應依該準則制定相關辦法，且應制定資金貸與總額及個別對象之限額，並應訂定詳細審查程序（如資金貸與他人之必要性及合理性、貸與對象之徵信及風險評估等），以及提請審計委員會及董事會決議通過、定期揭露資金貸與他人之財務資訊。

---

[21] 經濟部於2017年7月4日所提出之「公司法部分條文修正草案條文對照表」中，公司法第369條之4並未有任何修正。

有關公司間之背書保證，依前開準則第5條之規定，公開發行公司得為背書保證之對象，僅限於三種情形：（一）有業務往來之公司；（二）公司直接及間接持有表決權之股份超過50%之公司；（三）直接及間接對公司持有表決權之股份超過50%之公司。公開發行公司擬為他人背書或提供保證者，應依該準則之規定訂定作業程序，並應訂定詳細審查程序（如背書保證之必要性及合理性、背書保證對象之徵信及風險評估等），以及提請審計委員會及董事會決議通過、定期揭露背書保證之財務資訊。

　　另為防範掏空公司及利益輸送，證券交易法對於公開發行公司之資金貸與他人或背書保證，亦是採刑事處罰加以預防。依證券交易法第171條第1項第3款之規定：「已依本法發行有價證券公司之董事、監察人或經理人，意圖為自己或第三人之利益，而為違背其職務之行為或侵占公司資產，致公司遭受損害達新臺幣五百萬元。」在前述永豐金背信案中何姓負責人違法放貸，及挪用永豐餘及元太科技之資金予第三人，檢察官即是以證券交易法第171條第1項第2款及第3款與金融控股公司法第57條第1項及第2項等規定予以起訴。

　　由於集團企業各公司的經營權及決策權皆掌握在少數集團控制者手中，而集團企業中各公司間的資金往來及交易，將涉及各公司的股東及債權人權益，除了須遵守上述對於相關交易的事前程序規範外，針對某些濫用公司制度、侵害債權人之情事，法律上更有所謂「法人格否認理論」可資運用，作為事後救濟的管道。

七、揭穿公司面紗原則

在公司法上，一般而言，公司具有獨立之法人格，加上「股東有限責任原則」之運作，即股東僅就其所認股份（或出資額）對公司負繳納股款之義務（公司法第99條及第154條第1項參照），可知法律本即允許股東藉由設立公司將責任移轉，此亦是股東有限責任與分散商業風險之實踐，以預設有限責任之設計來鼓勵商業活動之進行[22]，然而如股東濫用公司之法人地位，從事詐欺或不法行為，而負擔特定債務，如固守股東有限責任原則，將使該違反股東得脫免責任導致債權人之權利落空，求償無門之情形。因此，2013年1月30日乃增訂公司法第154條第2項之規定，正式引進英美法所謂之「揭穿公司面紗原則」。

依公司法第154條第2項之規定：「股東濫用公司之法人地位，致公司負擔特定債務且清償顯有困難，其情節重大而有必要者，該股東應負清償之責。」需特別說明的是，由於揭穿公司面紗原則係屬公司法基本原則「股東有限責任原則」之例外，基於例外解釋從嚴之原則，對於該條之適用亦不宜太過寬鬆，而應堅守「最後手段」或「輔助性」之概念，更何況法律條文本身已特別強調必須「情節重大而有必要」始得為之。

在適用上，立法理由亦揭示：「法院適用揭穿公司面紗之原則時，其審酌之因素，例如審酌該公司之股東人數與股權集中

---

[22] 王文宇著，公司法論，元照出版有限公司，2016年7月第五版，頁223、690。

程度；系爭債務是否係源於該股東之詐欺行為；公司資本是否顯著不足承擔其所營事業可能生成之債務等情形」。而在司法實務上，最高法院見解則認為「此就母子公司言，應以有不法目的為前提，僅在極端例外之情況下，始得揭穿子公司之面紗，否定其獨立自主之法人人格，而將子公司及母公司視為同一法律主體，俾使母公司直接對子公司之債務負責」、「此項決定性因素非指母公司百分之百持有子公司即可揭穿，尚應考量母公司對子公司有密切且直接之控制層面」、是否「利用被上訴人為工具藉以詐騙財產逃避責任」[23]。

在集團企業之運作上，為了分散風險，常會透過成立無實質營運之紙上公司，形成多層次之控股架構，並利用有限責任作為後盾，將交易風險轉嫁給債權人。而揭穿公司面紗原則賦予法院在特定情形下，基於債權人保護所必要，得突破公司之法律形式，始能例外地揭穿公司面紗，而令母公司直接對子公司之債務負責。但此仍屬事後追償手段，且應適用「例外解釋從嚴之原則」，並堅守「最後手段」或「輔助性」原則，故對債權人權益之保障恐怕有限。

八、結語

在全球化的浪潮下，企業不斷追求集團化及規模化，以因應

---

[23] 最高法院102年台上字第1528號民事裁定。

全球化的競爭及挑戰，因此逐漸形成大型的集團企業，而大型的集團企業中不乏上市櫃的公開發行公司，甚至金融控股公司，一旦爆發弊案或危機，亦影響投資人甚鉅，集團治理的重要性可見一斑。

　　然而，我國公司法及證券交易法並未對集團治理有統一的規範，而是以零星的條文就個別特定之情形加以處理，因而可能導致掛一漏萬，或是無法涵蓋集團企業實際運作的情形。上述所提到之問題僅實務運作上所遭遇到之冰山一角，其他尚有包括資訊揭露之透明度、股東監察權之強化與行使、功能性委員會之發展、利益迴避機制之落實等問題，本文礙於篇幅，無法逐一探討。隨著集團企業發展至今，已在我國政治及經濟上扮演著重要之角色，落實其治理機制不僅是爲了股東及債權人之權益，更是安定國家社會及經濟不可或缺之一環。除了從更宏觀的角度出發，全面的設計整套制度外，更有賴於集團控制者之實踐以及監理機關的把關，始能克盡其功，達到穩定社會及促進經濟發展之目標。

7 競業禁止與背信罪責

一、案例事實與問題點

（一）案例事實[1]

　　甲自民國（下同）90年1月1日起至106年8月31日止任職於乙建設股份有限公司（下稱「乙建設公司」），乙建設公司主要以商辦、住宅、集合住宅等建案之規劃、設計及監造為事業經營之主軸；甲原任職於乙建設公司之規劃設計部門，後自100年9月1日起至106年8月31日止擔任乙建設公司之規劃設計部門資深經理，有代表乙建設公司處理規劃設計相關事務之權限。嗣甲自乙建設公司離職後，乙建設公司經查證，始驚覺甲於任職乙建設公司期間，有籌備自行創業之舉，先於106年6月1日以其配偶之名義成立丙室內裝修設計工程有限公司（下稱「丙室內設計公司」）專營室內設計業務，後於同年7月3日於乙建設公司會議室與客戶丁會面，且於同日以丙室內設計公司之名義與丁簽訂某公寓室內裝修設計契約，更自同年7月10日起使用乙建設公司電腦、影印機及其他設備，為某公寓進行室內裝修設計作業。

---

[1] 此案例事實係依據真實案例改編，為現行司法實務常見案例。

（二）問題點

　　本文所要探討和介紹的，即為甲於任職乙建設公司期間，另行籌備公司、利用上班時間處理外務等行為，於我國法制上是否有相關民、刑事責任，本文將從民事競業禁止與刑事普通背信罪責切入討論。

二、競業禁止

（一）公司之經理人於執行職務範圍內依法負有忠實義務

　　我國公司法明訂股份有限公司之經理人，在執行職務範圍內，亦為公司負責人[2]，公司負責人應忠實執行業務並盡善良管理人之注意義務[3]。而稱經理人者，依我國民法[4]及公司法[5]規定，

---

[2]　公司法第8條：「本法所稱公司負責人：在無限公司、兩合公司為執行業務或代表公司之股東；在有限公司、股份有限公司為董事。公司之經理人或清算人，股份有限公司之發起人、監察人、檢查人、重整人或重整監督人，在執行職務範圍內，亦為公司負責人。公開發行股票之公司之非董事，而實質上執行董事業務或實質控制公司之人事、財務或業務經營而實質指揮董事執行業務者，與本法董事同負民事、刑事及行政罰之責任。但政府為發展經濟、促進社會安定或其他增進公共利益等情形，對政府指派之董事所為之指揮，不適用之。」

[3]　公司法第23條：「公司負責人應忠實執行業務並盡善良管理人之注意義務，如有違反致公司受有損害者，負損害賠償責任。公司負責人對於公司業務之執行，如有違反法令致他人受有損害時，對他人應與公司負連帶賠償之責。公司負責人對於違反第一項之規定，為自己或他人為該行為時，股東會得以決議，將該行為之所得視為公司之所得。但自所得產生後逾一年者，不在此限。」

[4]　民法第553條：「稱經理人者，謂由商號之授權，為其管理事務及簽名之人。前項經理權之授與，得以明示或默示為之。經理權得限於管理商號事務之一部或商號之一分號或數分號。」

[5]　公司法第31條：「經理人之職權，除章程規定外，並得依契約之訂定。經理人在公司章程或契約規定授權範圍內，有為公司管理事務及簽名之權。」

係指由公司授權，為公司管理事務及簽名之人；惟是否具有公司之經理人資格，仍應依公司章程規定或契約約定之授權範圍為實質之審認[6]。查本件甲任職於乙建設公司期間是否對乙建設公司負有前揭忠實義務，首要確認者即為「甲是否為乙建設公司之經理人」；觀諸甲另行籌備公司、利用上班時間處理外務等行為係於甲擔任乙建設公司規劃設計部門資深經理之期間，即需視乙建設公司規劃設計部門資深經理是否有為公司管理事務、於規劃設計業務範圍內代表公司發言甚至簽名之權。若甲有該等職權，即有可能被認定於規劃設計業務範圍內為公司之負責人，對公司負有前揭公司法上之忠實義務；若甲無該等職權，即有可能被認定非屬公司之負責人。惟縱非公司負責人，於司法實務上有案例認定非屬經理人之受僱員工負有「勞工忠實義務」[7]，亦有案例認定勞動關係之受僱人於行使勞動關係權利、履行勞動關係義務時，負有忠實義務（或稱忠誠義務），應盡其注意義務以提供勞務並忠實維護雇主合法權益[8]。本件甲有代表乙建設公司處理規劃設計相關事務之權限，得認甲於規劃設計業務範圍內為公司之負責人，對公司負有忠實義務。

---

[6] 最高法院97年度台上字第2351號民事判決參照。
[7] 最高法院98年度台上字第1513號民事判決參照，惟該判決旨在確認勞工未盡其職務義務，是否屬嚴重違反工作規則，非在處理勞工為競業行為是否屬違反忠實義務，請特別注意。
[8] 最高法院95年度台上字第1974號民事判決參照。

（二）違反競業禁止之行為係屬違反忠實義務之行為

　　忠實義務係源於英美法之受託義務下之忠實義務，在解決公司負責人與公司間利益衝突之問題，係指公司負責人於處理公司業務時，必須出於為公司之最佳利益而為之，不得圖謀自己或第三者之利益，即公司負責人於執行公司業務時，應作出公正且誠實的判斷，不得為自己或第三人之利益而為之。違反忠實義務大略有四種類型：1.負責人本人與其公司間之交易；2.有共通負責人之兩家公司之間之交易；3.負責人侵吞、利用屬於公司之機會；4.負責人私下與公司從事業務競爭。

　　我國民法[9]及公司法[10]均規定，除經公司同意者外，經理人不得兼任其他營利事業之經理人，亦不得自營或為他人經營同類之業務。本件甲任職於乙建設公司期間以其配偶之名義成立丙室內設計公司，並藉乙建設公司會議室與客戶丁會面，且與丁簽訂某公寓室內裝修設計契約，更利用乙建設公司電腦、影印機及其他設備，為某公寓進行室內裝修設計作業等行為是否屬競業行為，即需視「該等行為是否係屬自營或為他人經營同類之業務」；觀諸乙建設公司主要以商辦、住宅、集合住宅等建案之規劃、設計及監造為其業務範圍，而丙室內設計公司係專營室內設計業

9　民法第562條：「經理人或代辦商，非得其商號之允許，不得為自己或第三人經營與其所辦理之同類事業，亦不得為同類事業公司無限責任之股東。」
10　公司法第32條：「經理人不得兼任其他營利事業之經理人，並不得自營或為他人經營同類之業務。但經依第二十九條第一項規定之方式同意者，不在此限。」

務，惟司法實務上是否屬「經營同類之業務」需視所爲之行爲是否屬於「章程所載之公司目的事業中爲公司實際上所進行之事業」[11]。若乙建設公司章程所載之公司目的事業包含室內裝修設計，且乙建設公司確實際進行室內裝修設計業務，甲之行爲即有構成競業行爲之虞；若乙建設公司章程所載之公司目的事業不包含室內裝修設計，或乙建設公司未實際進行室內裝修設計業務，則甲之行爲不構成競業行爲。

（三）違反競業禁止行爲之民事法上責任

按經理人非得其商號之允許，不得爲自己或第三人經營與其所辦理之同類事業[12]，經理人違反競業禁止規定時，其公司得請求因其競業行爲所得之利益；而公司請求給付競業所得利益之權利，須於知有違反競業禁止規定之行爲時起二個月內爲之，而自行爲時起經過一年公司未爲請求者，該權利亦罹於時效[13]。需特別注意的是，公司經理人違反競業禁止之規定者，其所爲之競業行爲並非無效，但公司得依民法第563條之規定，請求經理人給付其競業行爲所得之利益[14]，若有致公司受有損害者，公

---

[11] 最高法院87年度台上字第2319號民事判決、臺灣臺南地方法院88年度勞訴字第2號民事判決參照。

[12] 同註9。

[13] 民法第563條：「經理人或代辦商，有違反前條規定之行爲時，其商號得請求因其行爲所得之利益，作爲損害賠償。前項請求權，自商號知有違反行爲時起，經過二個月或自行爲時起，經過一年不行使而消滅。」

[14] 最高法院81年台上字第1453號判例參照。

司並得另請求經理人負損害賠償責任[15]。本件甲任職於乙建設公司期間，以其配偶之名義成立丙室內設計公司，並藉乙建設公司會議室與客戶丁會面，且與丁簽訂某公寓室內裝修設計契約，更使用乙建設公司電腦、影印機及其他設備，爲某公寓進行室內裝修設計作業等行爲若屬競業行爲，就甲自丁所取得之某公寓室內裝修設計報酬，乙建設公司即可依民法第563條之規定，請求甲交付該報酬予公司，此即爲學說上之「歸入權」（或稱「介入權」）；但該某公寓室內裝修設計契約仍然有效存在，甲仍有依契約爲丁完成室內裝修設計之義務。

（四）競業禁止約款之簡介

除前揭經理人之法定競業禁止規定外，公司實務上亦常見受僱人於僱傭關係存續中，因接觸或處理僱用人之顧客、商品來源、製造或銷售過程等機密，而該類機密之運用，對僱用人可能造成危險或損失，僱用人爲保護其商業機密、營業利益或維持其競爭優勢，乃經由雙方協議，約定受僱人於在職期間或離職後之一定期間、區域內，不得受僱或經營與其相同或類似之業務工作，此類約定即爲「競業禁止約款」；而競業禁止約款除有可能存乎經理人與事業單位之間外，亦有可能存於一般受僱員工與事業單位之間，且除約定受僱人在職期間之競業禁止外，亦有可能

---

[15] 同註3。

約定禁止或限制受僱人於離職後之一定期間、區域內從事競業行為。我國司法實務上認定基於契約自由原則，此項約款倘具必要性，且所限制之範圍未逾越明確、合理程度而非過當，受僱人並受有合理之補償，即與憲法工作權之保障無違，當事人即應受該約定之拘束[16]。而一般競業禁止約款通常會設計違約金條款或懲罰性違約金條款，受僱人有違反約款之行為者，即有依約賠付違約金或懲罰性違約金之虞。

三、背信罪責

（一）刑法背信罪

我國刑法第342條規定：為他人處理事務，意圖為自己或第三人不法之利益，或損害本人之利益，而為違背其任務之行為，致生損害於本人之財產或其他利益者，屬背信罪[17]。刑法第342

---

[16] 最高法院103年度台上字第1984號、99年度台上字第599號、94年度台上字第1688號民事判決參照。惟應注意者，勞動基準法於104年12月16日修正時，已將勞動者離職後競業禁止約款的相關規範明文化，該法第9條之1規定：「（第1項）未符合下列規定者，雇主不得與勞工為離職後競業禁止之約定：一、雇主有應受保護之正當營業利益。二、勞工擔任之職位或職務，能接觸或使用雇主之營業秘密。三、競業禁止之期間、區域、職業活動之範圍及就業對象，未逾合理範疇。四、雇主對勞工因不從事競業行為所受損失有合理補償。（第2項）前項第四款所定合理補償，不包括勞工於工作期間所受領之給付。（第3項）違反第一項各款規定之一者，其約定無效。（第4項）離職後競業禁止之期間，最長不得逾二年。逾二年者，縮短為二年。」另外，勞動基準法施行細則第7條之1規定離職後競業禁止約款應以書面約定；第7條之2規定離職後競業禁止約款之期間、區域、職業活動範圍、就業對象的「合理範疇」；第7條之3則規定離職後競業禁止之合理補償的判斷標準。

[17] 我國刑法第342條：「為他人處理事務，意圖為自己或第三人不法之利益，或損害本人之利益，而為違背其任務之行為，致生損害於本人之財產或其他利益

條之背信罪，須以爲他人處理事務爲前提，所謂爲他人處理事務，係指受他人委任，而爲其處理事務而言[18]，如爲自己之工作行爲，無論圖利之情形是否正當，原與本條犯罪之要件不符[19]。且背信罪以有取得不法利益或損害本人利益之意圖爲必要，若無此意圖，即屬缺乏意思要件，縱有違背任務之行爲，並致生損害於本人之財產或其他利益，難律以背信罪責[20]，或僅因處理事務怠於注意，致其事務生不良之影響，則爲處理事務之過失問題，既非故意爲違背任務之行爲，亦不負若何罪責[21]；而所謂意圖爲自己或第三人得不法利益，原指自己或第三人在法律上不應取得之利益，意圖取得或使其取得者而言，如果在法律上可得主張之權利，即屬正當利益，雖以非法方法使其實現，僅屬於手段不法，無構成背信罪之餘地[22]。

（二）本案甲之行爲是否構成刑法背信罪

承前所述，經理人之競業行爲於民事上係屬於民事不履行給付義務之問題，事業單位可據此行使歸入權，甚至請求損害賠償、違約金或懲罰性違約金；惟經理人之競業行爲是否當然構成

者，處五年以下有期徒刑、拘役或科或併科五十萬元以下罰金。前項之未遂犯罰之。」
[18] 最高法院49年台上字第1530號判例參照。
[19] 最高法院29年上字第674號判例參照。
[20] 最高法院30年上字第1210號判例參照。
[21] 最高法院22年上字第3537號判例參照。
[22] 最高法院21年上字第1574號判例參照。

刑事背信罪，我國司法實務上大多認為仍應個案判斷其行為是否該當背信罪之構成要件而定，非可一概而論。

按刑法第342條背信所謂「違背其任務」，係指違背他人委任其處理事務應盡之義務[23]，內涵誠實信用之原則，積極之作為與消極之不作為，均包括在內[24]，亦包括受任人受託事務處分權限之濫用在內，如此始符該條規範受任人應誠實信義處理事務，維護安全之本旨[25]；是否違背其任務，應依法律之規定或契約之內容，依客觀事實，本於誠實信用原則，就個案之具體情形認定之。次按背信罪所稱財產或其他利益上之損害，係指減少現存財產上價值之意，凡妨害財產上增加以及喪失日後可得期待之利益亦包括之；又所生損害之數額，並不須能明確計算，祇須事實上生有損害為已足，不以損害有確定之數額為要件[26]。

查本案甲自100年9月1日起擔任乙建設公司之規劃設計部門資深經理，為受乙建設公司委任處理事務之人，其於任職乙建設公司期間，有以其配偶之名義成立丙室內設計公司，並藉乙建設公司會議室與客戶丁會面，且與丁簽訂某公寓室內裝修設計契約，更使用乙建設公司電腦、影印機及其他設備，為某公寓進行室內裝修設計作業等行為，若乙建設公司章程所載之公司目的事

---

[23] 民法第535條：「受任人處理委任事務，應依委任人之指示，並與處理自己事務為同一之注意，其受有報酬者，應以善良管理人之注意為之。」
[24] 最高法院91年度台上字第2656號刑事判決參照。
[25] 最高法院82年度台上字第282號刑事判決參照。
[26] 最高法院80年度台上字第2205號刑事判決參照。

業包含室內裝修設計，且乙建設公司確有實際進行室內裝修設計業務，甲之行為即有可能屬於違背其任務之競業行為；惟「競業禁止」係屬忠實義務之一環，而忠實義務在解決公司負責人與公司間利益衝突之問題，故競業行為按理須有「競爭關係」，即行為人之利益須與事業主之利益間具有衝突關係始屬之。

　　準此，若乙建設公司進行之室內裝修設計業務，係專以該公司興建之商辦、住宅、集合住宅等建案為服務目標，不及於其他公司新建之建築或其他私人所有建築之室內裝修設計，即乙建設公司之室內裝修設計業務並未對外經營，而丙室內裝修設計公司之室內裝修設計業務，係以其他公司新建之建築或其他私人所有建築為服務對象，甲之行為所尋求之市場即與乙建設公司獲得業務之市場不同，彼此間有明顯區隔，二者不具競爭關係，甲之行為不可能致乙建設公司受有損害，其行為即有可能不被評價為違背其任務之競業行為，而不構成背信罪[27]。反之，若乙建設公司進行之室內裝修設計業務，不限於該公司興建之商辦、住宅、集合住宅等建案為服務目標，尚及於其他公司新建之建築或其他私人所有建築之室內裝修設計，而丙室內裝修設計公司之室內裝修設計業務服務範圍亦同，甲之行為所尋求之市場即與乙建設公司獲得業務之市場相仿，二者具競爭關係，甲之所為若致乙建設公

---

[27]　臺灣高等法院104年度上易字第1784號刑事判決參照。惟需特別注意的是，此見解尚非我國刑事司法實務之定論，故僅為「有可能」不被評價為違背其任務之競業行為，而非「應」不被評價為違背其任務之競業行為。

司失去接受業務之機會，自有妨害乙建設公司交易利益之增加、喪失期待利益之結果，其行為即有可能被評價為違背其任務之競業行為，縱所生損害之數額無法明確計算，亦屬犯刑法第342條背信罪。

（三）競業禁止約款與背信罪責

按「競業禁止」之約款，乃企業者與勞動者在勞動契約內約束勞工於任職該事業單位期間內或離職後之一定期間、區域內，不得在其他事業單位工作之「不作為給付」之約定；違反競業禁止約款者，按理仍有適用刑法第342條背信罪之餘地。惟於我國司法實務上，有認為勞動者不得同時在其他事業單位兼職，或不得於離職後在其他事業單位任職為契約義務內容，此條款在性質上顯屬企業者與勞動者間「對向性」之約定，即在職期間「不兼職」與報酬給付之對向性，或離職後一定期間「不任職」與補償給付之對向性，其內容僅係勞動者自己之不作為義務，而不含事業單位之事務，應不具有「為」事業單位處理事務之內涵，要非勞動者為事業單位處理事務之約定及踐履，即非屬「為他人處理事務而為違背其任務」之行為。是以勞動者縱違反不得兼職或不得任職之「競業禁止」之約款，亦僅生其不履行給付義務（不作為）之問題，無成立背信罪之可言，縱認行為人因同時兼職於二公司，或離職後於競業禁止約款約定期間內任職於他公司，而違

反競業禁止契約約款，亦難認行為人涉有背信犯行[28]。

四、結論

　　於我國法制上，就同一行為是否屬於民事法上之競業行為與是否屬於刑事法上之背信行為，其判斷內容不同，此原因在於二者之規範內容不同。民事法上之競業禁止係規範「除經公司同意者外經理人不得兼任其他營利事業之經理人，亦不得自營或為他人經營同類之業務」；而刑事法上之背信罪責不限於前開競業行為，凡「意圖為自己或第三人不法之利益，或損害本人之利益，而為違背其任務之行為，致生損害於本人之財產或其他利益者」均在規範範疇，其範圍較民事法上之競業禁止為廣。

　　次觀於我國司法實務上，就經理人之同一行為是否屬於競業行為，於民事司法實務上及刑事司法實務上之評價略有不同，於民事司法實務上之判斷似乎略寬於刑事司法實務上之判斷，此原因在於二者之立法目的不同。民事法重於經理人於處理公司業務時，必須出於為公司之最佳利益而為之，係著眼於經理人忠實義務之違反，故經理人於任職公司期間另行經營與公司實際上所進行之事業同類之業務，即屬競業行為；而刑事法重於經理人於違背其任務時，是否有造成公司財產或其他利益之損害，係著眼於

---

[28]　臺灣高等法院105年度上易字第1582號、104年度上易字第1784號、104年度上易字第842號刑事判決參照。惟需特別注意的是，此見解尚非我國刑事司法實務之定論。

經理人行為造成之損害，故經理人於任職公司期間另行經營與公司實際上所進行之事業同類之業務，若該業務無致公司財產或其他利益受有損害之虞，即有不被評價為競業行為之空間[29]。

　　再就經理人之法定競業禁止規範及經理人及其他受僱人之競業禁止約款觀之，我國刑事司法實務多認為經理人違反法定競業禁止規範，即屬為他人處理事務而為違背其任務之行為，而構成背信罪；而經理人及其他受僱人違反競業禁止約款，因該約款係約定行為人之不履行給付義務屬「不作為義務」，非為他人處理事務而為違背其任務之行為之「作為義務」，故有實務見解認為不構成背信罪[30]。惟背信罪規範者是否僅限作為義務尚有可議之處，蓋忠實義務係在使公司所屬人員促使公司合法且合理的經營業務，忠實義務之違反亦未限定其行為態樣為作為，縱屬不作為亦包括在內[31]；故按理經理人及其他受僱人違反競業禁止約款，仍應確認其「不作為」是否屬為他人處理事務而為違背其任務之行為，始能判斷是否屬背信罪規範之範疇。

　　另關於背信罪所稱財產或其他利益上之損害，原係指減少現存財產上價值之意，凡妨害財產上增加以及喪失日後可得期待之利益亦包括之，且所生損害之數額，並不須能明確計算，只須事實上生有損害為已足，不以損害有確定之數額為要件[32]；惟我

[29]　同註27。
[30]　同註28。
[31]　同註24。
[32]　同註26。

國現行實務上常見將公司所受損害之金額與行為人之犯罪所得金額等同視之者,此見解有混淆「損害」與「犯罪所得」之虞,恐有不妥[33]。以本文所舉案例為例,甲於任職乙建設公司期間,以其配偶之名義成立丙室內設計公司,並與客戶丁簽訂某公寓室內裝修設計契約,為某公寓進行室內裝修設計作業進而取得報酬;若甲之行為屬競業行為,於民事責任上,乙建設公司得依民法第563條之規定行使歸入權[34],請求甲給付其從丁取得之報酬;而歸入權係在將利益歸還予公司,而非在於填補公司所受之損害,並不具損害賠償之性質[35];若甲之行為有致乙建設公司受有損害者,乙建設公司得另請求甲負損害賠償責任[36],是以甲從丁取得之報酬實非當然等於乙建設公司所受之損害,其理自明。

於外國立法例上,為免刑事罪責過度介入私經濟行為,德國學者似乎採取偏向背信罪之除罪化乃至於限縮適用的動向[37];而我國司法實務運作下,雖然屬於民事法上競業之行為並不當然構成刑事法上背信之行為,惟仍常見透過刑法背信罪責來規範、限制經濟活動自由之情形。更有學者認為我國背信罪在經濟刑法下已呈被濫用之狀態[38],此為我國刑事背信罪責於未來實務運作上

---

[33] 王志誠(2013),證券交易法上特別背信罪「損害」與「犯罪所得」之差異,台灣法學雜誌第222期,頁107。
[34] 同註13。
[35] 最高法院99年度台上字第1838號民事判決參照。
[36] 同註3。
[37] 王正嘉(2015),從經濟刑法觀點看背信罪,台灣法學雜誌第286期,頁50-60。
[38] 同前註。

相當值得關注之面向。蓋若背信罪過度干擾經濟自由，背信罪之
適用範圍甚至存廢問題將會成爲被高度關切的議題。

第三篇

投資法律

8 於中國大陸設立外商投資企業新規定

廖維達／呂馥伊

　　國際上常見對外資管制模式爲准入前國民待遇及負面清單管制制度。准入前國民待遇是指境外投資人在准入前階段如設立、受讓股份等投資行爲所享有的待遇，不低於境內投資人。負面清單管制制度則是指在清單範圍內的行業外商不得投資，除此之外的行業外商都可以合法申請投資。

　　中國政府近年在准入前國民待遇加負面清單管制制度的基礎上陸續頒布多項放寬外商投資之政令，包括（一）針對外資修訂《外商投資企業設立及變更備案管理暫行辦法》，將原本外資企業設立事前審批制度改變爲以備案爲基礎的管理模式；（二）頒布《外商投資產業指導目錄（2017年修訂）》；及（三）以《自由貿易試驗區外商投資准入特別管理措施（負面清單）（2017年版）》推動自由貿易實驗區外資負面清單管制制度等制度，期能增加對外資管制政策法令之便利性，並簡化投資的流程。

一、針對外資修訂《外商投資企業設立及變更備案管理暫行辦法》結合審批制及備案制

2016年10月8日，中華人民共和國商務部頒布《外商投資企業設立及變更備案管理暫行辦法》[1]（下稱《暫行辦法》），其訂立之背景，乃依照中國2016年人大常委會通過之《全國人民代表大會常務委員會關於修改〈中華人民共和國外資企業法〉等四部法律的決定》（下稱「第51號決定」）意旨，期能複製自由貿易試驗區成功經驗，並擴大對外資企業的開放。

依據暫行辦法，針對外商獨資企業、中外合資經營企業、中外合作經營企業以及台資企業不涉及准入特別管理措施的營業項目，將原來涉及的相關審批程序，轉為備案管理[2]，為鼓勵外資進入之重要配套措施。

於2017年7月30日，商務部再次公布了《關於修改〈外商投資企業設立及變更備案管理暫行辦法〉的決定》[3]（下稱《修改決定》）。此次《修改決定》進一步放寬外商投資管理體制，針對外國投資者併購[4]境內非外商投資企業以及對上市公司實施戰

---

[1] 參：http://www.mofcom.gov.cn/article/b/c/201610/20161001404974.shtml（最後瀏覽日：2017/10/5）

[2] 《暫行辦法》第2條：外商投資企業的設立及變更，不涉及國家規定實施准入特別管理措施的，適用本辦法。

[3] 參：http://www.mofcom.gov.cn/article/b/c/201707/20170702617582.shtml（最後瀏覽日：2017/10/5）

[4] 依《關於外商投資企業設立及變更備案管理有關事項的公告》，併購係指「《商務部關於外國投資者並購境內企業的規定》（商務部令2009年第6號）規定的外國投資者並購境內企業。」

略投資[5]，其不涉及特別管理措施和關聯併購者，同步適用備案管理。自暫行辦法公布以來，中國過去所沿用以行政審批主導的外商投資管理制度有大幅度的改變，並轉由以「備案制」為基礎的較寬鬆管理模式。

（一）《暫行辦法》之適用範圍

《暫行辦法》所適用之外商投資企業包括於中國境內設立的中外合資經營企業、中外合作經營企業和外資企業，凡境外投資者以及被視同為外國投資者的投資類外商投資企業（如以投資為專業之投資性公司、創業投資企業、股權投資企業等）在中國所投資的企業皆屬之。適用備案制之外商投資企業，所經營事業不涉及《外商投資產業指導目錄（2017年修訂）》[6]（下稱**《2017年投資目錄》**，詳述如後）中限制類及禁止類行業之範圍內，其關於設立及相關變更不再需商務部門的行政審批，而改採備案制[7]。另應注意者，若外商投資企業的經營範圍雖然屬於《2017年投資目錄》中鼓勵類行業，但有其他法規針對該鼓勵類行業的外商投資企業的設立訂有股權、董事組成限制，或是涉及反壟斷

[5] 依《關於外商投資企業設立及變更備案管理有關事項的公告》，戰略投資係指「《外國投資者對上市公司戰略投資管理辦法》（商務部、證監會、稅務總局、工商總局、外匯局令2005年第28號）規定的外國投資者對上市公司戰略投資。」
[6] 參：http://images.mofcom.gov.cn/wzs/201706/20170628151603017.pdf（最後瀏覽日：2017/10/5）。
[7] 港澳台地區投資者投資不涉及國家規定實施准入特別管理措施的，亦參照適用備案管理。

審查或國家安全審查，或是有馳名商標或中華老字號商標者，則
仍應向相關主管機關取得核准。

（二）由審批制轉為備案制之事項

由審批制轉為備案制之事項包括企業之設立、分立、合併、
解散；經營期限變更；註冊資本、股權或權利義務轉讓及中外合
作企業委託他人經營管理等[8]。

針對外商投資的上市公司及在全國中小企業股份轉讓系統[9]
掛牌的之公司，僅在外國投資者持股比例變化累計超過5%以及
控股或相對控股地位發生變化時，就外國投資者基本資訊或股份
變更事項應辦理備案手續，如果外國投資者持股比例變化累計未
超過5%或者相對控股地位未發生變化時，無需對外國投資者基

---

[8] 《暫行辦法》第6條第1項：屬於本辦法規定的備案範圍的外商投資企業，發生以
下變更事項的，應由外商投資企業指定的代表或委託的代理人在變更事項發生後
30日內通過綜合管理系統線上填報和提交《外商投資企業變更備案申報表》及相
關文件，辦理變更備案手續：
（一）外商投資企業基本資訊變更，包括名稱、註冊位址、企業類型、經營期
限、投資行業、業務類型、經營範圍、是否屬於國家規定的進口設備減免
稅範圍、註冊資本、投資總額、組織機構構成、法定代表人、外商投資企
業最終實際控制人資訊、聯絡人及聯繫方式變更；
（二）外商投資企業投資者基本資訊變更，包括姓名（名稱）、國籍／地區或位
址（註冊地或註冊位址）、證照類型及號碼、認繳出資額、出資方式、出
資期限、資金來源地、投資者類型變更；
（三）股權（股份）、合作權益變更；
（四）合併、分立、終止；
（五）外資企業財產權益對外抵押轉讓；
（六）中外合作企業外國合作者先行回收投資；
（七）中外合作企業委託經營管理。
[9] 全國中小企業股份轉讓系統，http://www.neeq.com.cn/（最後瀏覽日：
2017/10/5）。

本資訊或者股份變更事項辦理備案手續[10]。

（三）備案制之流程[11]及監管[12]

　　對於外商投資企業的設立及變更兩種情況，《暫行辦法》規定企業設立可選擇於設立前（工商名稱預核准之後、營業執照簽發之前）或設立後（營業執照簽發後30日內）完成備案；關於企業變更，則可在變更發生後30日內辦理備案[13]。惟應注意者，實務上似乎曾發生工商登記部門要求企業設立時，需先完成備案才允許簽發營業執照的情況，因此外商投資企業近期在辦理設立程序時，仍應先向當地主管機關確認程序為宜。

　　備案的基本流程是由外商投資企業或其投資者通過線上「外商投資企業設立及變更備案子系統」[14]填具資訊並提交備案申請資料，後由備案機構對填報資訊作形式審查，確認內容的完整性和準確性，並核對申報事項是否屬於備案範圍。屬於《暫行辦法》規定的備案範圍者，備案機構應在3個工作日內完成備案，由備案人選擇是否領取備案回執。不屬於備案範圍的，備案機構應在3個工作日內線上通知外商投資企業或其投資者按有關規定

10　《暫行辦法》第6條第4項：外商投資的上市公司及在全國中小企業股份轉讓系統掛牌的公司，可僅在外國投資者持股比例變化累計超過5%以及控股或相對控股地位發生變化時，就投資者基本資訊或股份變更事項辦理備案手續。

11　《暫行辦法》第7條以下參照。

12　《暫行辦法》第四章以下參照。

13　《暫行辦法》第5條及第6條。

14　參：http://wzzxbs.mofcom.gov.cn/WebProBA/app/entp/approve（最後瀏覽日：2017/10/5）。

辦理，並通知相關部門依法處理。因全面改採備案制之緣故，中國實行多年的「外商投資批准證書」將被「外商投資企業設立／變更備案回執」所取代；關於先前已經審批設立的外商投資企業若發生變更，且變更後不涉及准入特別規定措施者，並於備案完成後，其原有外商投資企業批准證書亦將同時失效[15]。雖領取「外商投資企業設立／變更備案回執」並非強制規定，但外商所投資項目若屬外商投資產業指導目錄鼓勵類或是中西部地區外商投資優勢產業，備案回執將作為未來享受進口設備減免稅的依據。

原有審批制因《暫行辦法》轉換為備案制，主管機關的角色由「審批機關」變為「備案機關」，因此對企業設立及變更不再作事前實質審查，而是將注意力轉移至事後持續監督。商務主管部門得定期或隨時抽查或根據舉報或主管部門或司法機關的建議和反映的情況進行檢查，亦可依職權啟動檢查等方式開展監督檢查。若外商投資企業怠為履行備案義務，或於備案時提交不實資訊、或有其他隱瞞之情事，主管機關得處罰款並責令改正[16]。

---

[15] 《暫行辦法》第10條。
[16] 《暫行辦法》第24條：外商投資企業或其投資者違反本辦法的規定，未能按期履行備案義務，或在進行備案時存在重大遺漏的，商務主管部門應責令限期改正；逾期不改正，或情節嚴重的，處3萬元以下罰款。

二、頒布《外商投資產業指導目錄（2017年修訂）》

（一）《外商投資產業指導目錄（2017年修訂）》採用新的格式結構

另按《關於外商投資企業設立及變更備案管理有關事項的公告》[17]（下稱「**備案事項公告**」）第1條，《暫行辦法》適用的界線（即對「國家規定實施准入特別管理措施」的定義），明確規定為「自由貿易試驗區內依照《自由貿易試驗區外商投資准入特別管理措施（負面清單）（2017年版）》的規定執行；自由貿易試驗區外，依照《外商投資產業指導目錄（2017年修訂）》中《外商投資准入特別管理措施（外商投資准入負面清單）》的規定執行」，故在自由貿易區以外設立外商投資企業時，首先必須判斷所屬產業是否全部均為《2017年投資目錄》所規定負面清單以外的業務。

前述《2017年投資目錄》於2017年6月28日經中國國家發展和改革委員會（下稱「**發改委**」）以及商務部共同發布[18]，此為外商投資產業指導目錄問世以來第七次修訂，並自2017年7月28日正式施行，同時廢止原有的《外商投資產業指導目錄（2015

---

[17] 參：http://www.mofcom.gov.cn/article/b/c/201707/20170702617581.shtml（最後瀏覽日：2017/10/5）。

[18] 參：http://www.mofcom.gov.cn/article/b/c/201706/20170602600841.shtml（最後瀏覽日：2017/10/5）。

年修訂）》（下稱《2015年投資目錄》）。若在此之前已經核准或備案的外商投資項目，仍依據《2015年投資目錄》執行。

《2017年投資目錄》與過去版本類似，將所載產業分為「鼓勵外商投資產業目錄」、「限制外商投資產業目錄」以及「禁止外商投資產業目錄」。鼓勵類別的產業可以享受相關優惠政策，並適用本文前述更為便捷的備案管理制度，限制類別的產業則可能存在持股比例或法定代表人國籍限制，至於禁止類別產業則為禁止外商投資的領域。值得注意的是，《2017年投資目錄》在結構上將前述「限制外商投資產業目錄」及「禁止外商投資產業目錄」整合為一個「外商投資准入特別管理措施（負面清單）」，意指凡屬負面清單範圍的產業，均需經特別審批（或是禁止投資）。

在此應注意者，《2017年投資目錄》不再列出內外資一致的限制性措施，故刪除了《2015年投資目錄》限制類中的大型主題公園的建設、經營，小電網範圍內單機容量30萬千瓦及以下燃煤凝汽火電站、單機容量10萬千瓦及以下燃煤凝汽抽汽兩用機組熱電聯產電站的建設、經營；以及禁止類中的列入「野生藥材資源保護管理條例」和「中國稀有瀕危保護植物名錄」的中藥材加工，象牙雕刻，虎骨加工，大電網範圍內單機容量30萬千瓦及以下燃煤凝汽火電站、單機容量20萬千瓦及以下燃煤凝汽抽汽兩用熱電聯產電站的建設、經營，自然保護區和國際重要溼地的建設、經營，高爾夫球場、別墅的建設，危害軍事設施安全和使用

效能的項目，博彩業「含賭博類跑馬場」，色情業等項目。這代表即便這些項目刪除後，實質上仍屬外商限制（或禁止）投資的範疇。

（二）《2017年投資目錄》原則放寬部分外資投資限制，但同時亦新增禁止外商投資領域

1. 放寬項目

　　《2017年投資目錄》共保留了63項外資限制項目（包括限制類35項、禁止類28項），比《2015年投資目錄》的93項限制項目減少了30項。具體調整主要包括：

　　(1) 服務業取消了公路旅客運輸，外輪理貨，資信調查與評級服務，會計審計，大型農產品批發市場建設、經營，綜合水利樞紐的建設、經營等領域外資准入限制。

　　(2) 製造業取消了軌道交通運輸設備製造，汽車電子總線網絡技術、電動助力轉向系統電子控制器的研發與製造，新能源汽車能量型動力電池製造，摩托車製造，海洋工程裝備（含模塊）製造與修理，船舶低、中速柴油機及曲軸的製造，民用衛星設計與製造、民用衛星有效載荷製造，食用油脂加工，大米、麵粉、原糖加工，玉米深加工，生物液體燃料（燃料乙醇、生物柴油）生產等領域外資准入限制，並取消了同一家外商在國內建立純電動汽車生產合資企業不超過兩家的限制。

　　(3) 採礦業取消了油葉岩、油砂、葉岩氣等非常規油氣勘

探、開發，貴金屬（金、銀、鉑族）勘查、開採，鋰礦開採、選礦，鉬、錫（錫化合物除外）、銻（含氧化銻和硫化銻）等稀有金屬冶煉等領域外資准入限制。

(4) 與此同時，鼓勵類項目新增智能化緊急醫學救援設備製造，水文監測傳感器製造，虛擬現實（VR）、增強現實（AR）設備研發與製造，3D打印設備關鍵零部件研發與製造，加氫站建設、經營，城市停車設施建設、經營等。

2. 增加限制項目

值得注意的是，與《2015年投資目錄》相比，《2017年投資目錄》仍新增了部分禁止外商投資之項目，主要集中在文化宣傳領域，如圖書、報紙、期刊、音像製品和電子出版物的編輯業務（《2015年投資目錄》僅包括圖書、報紙、期刊的出版業務，以及音像製品和電子出版物的出版、製作業務），廣播電視視頻點播業務和衛星電視廣播地面接收設施安裝服務，廣播電視節目引進業務（《2015年投資目錄》僅包括廣播電視節目製作經營公司），互聯網新聞信息服務（《2015年投資目錄》僅包括新聞網站）、互聯網公眾發布信息服務等。

以上新增限制或禁止項目，多屬傳播、新聞以及出版相關業務，此恰與最近兩年中國國務院及廣電總局頒布的多項行政命令及政策方向一致，例如「關於進一步加強社會類、娛樂類新聞節目管理的通知」、「網絡出版服務管理規定」、「關於開展報刊

發行秩序專項整治的通知」、「網絡安全法」以及「互聯網新聞信息服務管理規定」等，可預見中國近期對於相關營業項目仍將採取較嚴格管控措施。

此外，本次《2017年投資目錄》對於金融、醫療、教育、交通、電信等較敏感產業，仍未完全開放，因此外商在可預見的將來仍無法完全自由投資該等業務。

3. VIE（協議控制架構）並未在《2017年投資目錄》明文規定

外商投資產業指導目錄雖明文規定外商投資項目的限制，但同時市場上又經常存在強烈的外商投資需求。例如網路業務一直是外商禁止投資領域，而過去許多中國以經營網路為主要業務的企業，為了達成赴境外上市的目標，需要透過架設境外控股公司方式，實現在境外上市目的（俗稱為「紅籌上市」），故在實際操作上，經常採用協議控制（Variable Interest Entities, VIE），亦即具有外國身分的投資人通過契約協議而非股權的方式來控制中國境內實際經營主體，並向中國境內實際營運公司提供獨占性的資金、經營管理或取得主要經營收益，從而規避中國法律對於禁止外商投資領域的安排。

「協議控制」模式也被稱為「新浪模式」，源自於該模式在中國首度被運用在新浪網赴美上市。在此之後，VIE模式被大量赴境外上市的中國網路企業所仿效，例如百度、騰訊、阿里巴巴等公司均成功達成赴美上市的目標，並規避了中國的外商投資相

關限制。這種情形使得外商投資產業指導目錄以及外資准入規定發生管理上的灰色地帶，而中國政府對此似未正面表態或進行嚴格整頓，在本次《2017年投資目錄》或《暫行辦法》亦未明文規範。

應注意者，根據2011年公布的《國務院辦公廳關於建立外國投資者併購境內企業安全審查制度的通知》[19]，已經將「其他導致境內企業的經營決策、財務、人事、技術等實際控制權轉移給外國投資者的情形」列入併購安全審查的範圍。另根據中國商務部於2015年1月9日公布的《中華人民共和國外國投資法（草案徵求意見稿）》[20]，也明文將協議控制列入規避法律的態樣之一。從國家安全及徹底執行外資准入制度的角度，應可預見中國政府未來對於協議控制會採取更積極的取締作為，對於目前採取協議控制架構赴中國進行投資的投資人，仍應密切注意政策及法律的相關動態。

三、頒布《自由貿易試驗區外商投資准入特別管理措施（負面清單）（2017年版）》

針對自由貿易試驗區，國務院於2017年6月發布了《自由貿易試驗區外商投資准入特別管理措施（負面清單）（2017年

---

[19] 參：http://www.mofcom.gov.cn/article/b/f/201102/20110207403117.shtml（最後瀏覽日：2017/10/5）。
[20] 參：http://tfs.mofcom.gov.cn/article/as/201501/20150100871010.shtml（最後瀏覽日：2017/10/5）。

版）》[21](下稱《**2017年負面清單**》)，自2017年7月10日起實施，
2015年4月8日印發的《自由貿易試驗區外商投資准入特別管理
措施（負面清單）》同時廢止。前述新頒布的《2017年負面清
單》擴及適用至遼寧、浙江、河南、湖北、重慶、四川、陝西等
共計十一個自由貿易試驗區，且航空、汽車等製造業領域和銀
行、保險服務等金融業領域等均大幅度擴大了自貿區對外資開放
的程度。而依《2017年負面清單》之通知內容，台灣投資者在
自貿試驗區內投資也參照《自貿試驗區負面清單》執行，故對台
商進入中國市場亦有適用。

四、小結

綜觀中國現行對外資管制所採取之各項政令，於《暫行辦
法》實施之前，除了自貿區及試行地區外，其他地區仍以外商投
資產業指導目錄為依據施行行政審批制。而《暫行辦法》實施以
後，全國全面實施備案制之結果將逐步取代先前審批制度，且觀
諸中國政府對內外資管制態度越趨開放，可預見未來將頒布全國
內外資適用之負面清單[22]，應值關注。

另外值得持續追蹤者為中國針對外國投資法之立法動態，

---

[21] 參：http://www.gov.cn/zhengce/content/2017-06/16/content_5202973.htm（最後瀏覽日：2017/10/5）。
[22] 參：http://nx.people.com.cn/n2/2017/0921/c192484-30759906.html（最後瀏覽日：2017/10/5）。

2017年1月公布《外國投資法草案徵求意見稿》，未來將取代《中外合資經營企業法》、《外資企業法》、《中外合作經營企業法》等「外資三法」架構。徵求意見稿說明中重申將取消現行對外商投資的逐案審批體制，採取准入前國民待遇和負面清單的外資管理方式，大幅減少外資限制性措施，放寬外資准入，加強資訊報告，可呼應目前中國政府對外資改革開放的態度。台灣投資人在中國被視為準外資，待遇及管理比照外資辦理，亦將受本法之規範及影響，值得注意。

9 台灣生技醫療產業籌資實務

任書沁／陳國瑞

一、台灣生技醫療產業現況

近十年來隨著研發的不斷突破，全球生技醫療產業快速擴展，生技醫療產業衍生之產品被視為技術密集高、經濟效益大、潛力高的新興產業。台灣數十年來亦持續推動生技醫療產業之發展，希望生技醫療產業能成為繼電子業及半導體產業後，帶動台灣經濟轉型及成長的主力產業。1999年及2002年生物技術產業分別列為十大新興工業及兩兆雙星產業之一，2008年生技醫藥產業再列為新興產業之一，2016年生技醫藥產業則被列入五加二產業創新研發計畫，以提升生技產業產值與競爭力，建構台灣成為亞太生醫研發產業重鎮。台灣目前生技醫療產業主要涵蓋生技、製藥以及醫療器材三項領域，涉及數十項產品及服務領域：

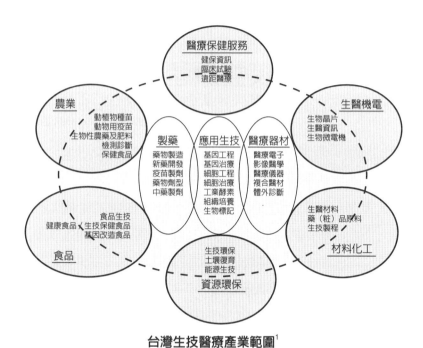

台灣生技醫療產業範圍[1]

　　而產業規模方面，台灣因內需市場有限，廠商於國內發展至一定程度後便需要開始布局國外市場以求進一步發展，帶動整體營業規模的擴張。依據政府相關統計[2]，2015年台灣生技醫藥產業整體營業額達新臺幣2,986億元，其中醫療器材為台灣生技醫藥產業最大次領域，2015年整體營業額達新臺幣1,330億元，占生技醫藥產業營業額的44.5%，應用生技產業營業額則為新臺幣884億元，製藥產業營業額為新臺幣772億元，分別占29.6%及

---

[1] 2017年生技產業白皮書，頁8，經濟部工業局。
[2] 2016年生技產業白皮書，頁68，經濟部工業局。

25.8%之比例，如下表所示，目前生技醫療產業以醫療器材產業
為主要之營收來源，聘僱之員工數亦為最高。

台灣生技醫療產業現況[3]

單位：新臺幣億元

	應用生技產業		製藥產業		醫療器材產業		合計	
	2014	2015	2014	2015	2014	2015	2014	2015
營業額	822	884	832	772	1,232	1,330	2,886	2,986
廠商家數（家）	500	510	350	320	781	1,041	1,631	1,871
從業人員（人）	18,340	19,259	19,000	18,500	36,429	38,400	73,769	76,159
出口值	312	343	197	261	513	573	1,022	1,177
進口值	500	519	999	1,021	615	701	2,114	2,241
內銷：外銷	62:38	61:39	76:24	66:34	58:42	57:43	65:35	61:39

　　生技醫療產業性質上屬於研發與技術密集之產業，初期投資
在研發的成本十分龐大。生技醫療產業必需結合人才、技術及資
金之投入，具有高報酬、高風險的特性，以製藥產業為例，新藥
開發時間通常相當冗長，新藥從研發到上市，可能就需要花上近
十年的時間，且需要專業之技術團隊持續投入並花費高額的研發
成本，穩定的研發資金來源常常是各家生技藥廠困擾的難題。對
於已較為成熟的大型製藥公司，可以將過去專利藥銷售賺到的錢
投入新藥開發，或靠過去建立的信用額度向銀行貸款，但是小型

3　同註2。

的新創生技公司由於多無正常穩定的營收，最有價值的資產可能是尚在研發階段的藥物，但研發需要長期持續的投資經費才有可能開花結果，因此滿足研發資金長期的需求是大多數新創公司最棘手的課題。生技製藥產業研發時程長，加上所須投入之資金龐大，新創企業很難在不尋求外部資金挹注之情況下繼續經營[4]。此外，由於藥物會直接影響人體健康安全，因此新藥產品在上市成為藥物之前，須有明確的安全性及療效性才能被允許上市。因此新藥上市一般來說核准不易，惟一旦研發成功並上市後則可產生巨額之獲利。

此外，生技醫療產業還需符合眾多的醫療衛生法規及相關醫藥規範，製藥產業方面，在取得藥品許可證上即須符合藥事法等眾多法令，在藥物進入臨床試驗階段後，其程序亦須符合醫療法、人體試驗管理辦法、藥品優良臨床試驗準則等法令；而在醫療器材產業，須符合醫療器材管理辦法、醫療器材查驗登記審查準則等規範；應用生技方面視其應用方向亦有相關法遵問題。生技醫療產業因其產品或服務與人體健康息息相關，因此法令的規範密度高於其他產業。

相較於一般的高科技產業，生技醫療產業除了須投入相當長的時間研發及支付高額的研發經費，其研發之投入並具有不確定

---

[4] 〈無形資產籌資之成敗關鍵——以生技製藥新創企業為例〉，經濟部跨領域科技管理國際人才培訓計畫，朱瑋華、關俊瑋、蘇冠宇、林佩欣、楊佳憲、王復中著，2013年，頁1。

性，可謂屬於成本高、風險高、報酬高之行業，因此生技醫療產業在籌資的階段就須有不同的考量，政府扶持生技醫療產業時，如何提出優惠吸引投資人投入資金即成為重要課題。

二、籌資實務及法令規範

　　生技醫療產業相關之公司，在初期尚未有穩定收入或可預期獲利之產生時，即須投入大量資金於研發之中，特別是新藥之研發，鉅額的期初成本投入常使公司愁於資金之籌措。一般而言，台灣公司除非創業者本身已有充沛資金，否則資金來源不外乎來自一般投資人、政府基金投資以及申請上市櫃籌資等主要幾個選項，以下分別介紹幾種常見的籌資管道。

（一）上市櫃公司籌資

　　台灣上市櫃公司中，生技醫療公司占有相當的比例，2016年台灣上櫃市場，以生技醫療業和科技業籌資額占多數，生技醫療產業上市櫃籌資總額約77.03億元居各產業之冠，生技醫療產業與科技業兩項產業合計籌資額占整體IPO市場近八成[5]。目前台灣生技醫療產業之上市櫃公司大致可分為兩類，一類是以醫療器材、生醫檢驗切入家庭醫學市場之公司，另一類則為傳統製藥業

---

[5] 參考〈回顧2016 IPO籌資上市櫃最多的產業是……〉，2016年12月15日，鉅亨網、宋宜芳／台北報導（https://news.cnyes.com/news/id/3651981）。

力求轉型經營生物科技之公司[6]。以經營醫療器材為主之公司均以經營能夠維持公司營運,具高毛利的消費性醫療器材為主,而台灣的製藥業公司則多為中小型之規模,無法與外國大型製藥公司相比較[7]。

　　申請上市櫃籌資既然成為生技醫療產業主要籌資機會之一,適度放寬上市櫃申請之條件即成為扶持生技醫療產業之重要措施。生技醫療產業初期發展即須大量資金投入研發創新,以確保創造較高之附加價值,較寬鬆的上市櫃審查條件雖然有利於生技醫療公司取得大量資金,惟其所伴隨之高風險亦須考量如何保障投資人之權益。目前生技醫療產業大多在櫃買中心掛牌,而依據櫃買中心相關統計,自然人占櫃買中心交易量約八成左右[8],在一般自然人通常並無專業知識背景的情況下,如何平衡生技醫療產業籌資之便利以及保障投資人之權益,即為應審慎考量之議

---

[6] 參考〈台灣生技產業概況〉,揪元證券投資公司國外部副總陳延元撰（http://media.career.com.tw/industry/industry_main.asp?no=302p021&no2=46）。
[7] 同註4。
[8] 參考證券櫃檯買賣中心之統計資料「櫃買市場成交金額投資人類別比例表」,節錄如下:

單位:10億元

年	境內法人		僑外法人		境內自然人		境外自然人	
	金額	百分比%	金額	百分比%	金額	百分比%	金額	百分比%
2015	1,293.28	11.1	976.55	8.4	9,391.56	80.3	30.64	0.26
2016	1,072.92	10.4	1,082.19	10.4	8,173.09	78.9	29.73	0.29
2017	1,166.31	10.7	902.67	8.3	8,796.37	80.8	16.13	0.15

註:本表成交金額買賣合計,標購、債券金額未列入統計。

題。

　　近年來台灣許多生技醫療公司申請上市櫃掛牌時，多處於零獲利或虧損狀態[9]，政府基於鼓勵新創之生技醫療公司能到資本市場籌措資金，訂定「經濟部提供科技事業或文化創意產業具市場性意見書作業要點」等相關規範，生技醫療公司於取得經濟部工業局所核發之科技事業證明後，即可免去上市上櫃所要求之獲利條件、設立年限等門檻。然而，政府雖鼓勵生技醫療產業上市櫃，惟在相關審查條件放寬後，也引發許多爭議案件，包括股價大幅波動、資訊揭露不明等，交易市場中亦曾發生一些涉嫌違反法令或內線交易之情事，導致主管機關針對生技業上市櫃之審查趨嚴，金融監督管理委員會（以下稱「金管會」）於2016年5月12日發布擬定強化上市櫃科技事業（含生技事業）之監理措施[10]，強化對生技事業之監理，相關措施包括：生技新藥公司於解盲時，如無特殊情況應揭露解盲之統計數據、生技新藥公司於揭露各階段研發資訊時，應併同說明新藥之市場狀況、治療相同病症之藥物現況、新藥進入市場之計畫及對公司財務業務之影響等，希望能妥適消除生技業者與投資人間資訊不對稱之問題，平衡保障市場中無足夠專業知識背景之投資人。

　　除了須注意前述放寬上市櫃條件所衍生之問題外，上市櫃後

[9]　參考〈生技醫療IPO拚今年續旺〉，2017年1月2日，工商時報，王姿琳／台北報導。
[10]　金管會2016年5月12日新聞稿「金管會擬定強化上市櫃科技事業（含生技事業）之監理措施」。

亦須考量台灣資本市場中投資人的習性與偏好。生技醫療產業因為須投入龐大的期初資金進行研究而非進行生產,因此不像其他產業能馬上生產出眾多的產品項目,以具體之產品衡量將來可能之獲利,許多生技醫療公司雖擁有特定的專利或技術,但該技術可能於短期尚無法轉換為實際可銷售之產品,投資人在面對生技醫療公司時應有不同於其他產業之認知,如何使投資人充分了解生技醫療產業之特性亦為其籌資是否能成功之關鍵。

(二)政府基金

　　為鼓勵生技醫藥產業發展,行政院國家發展基金訂有「行政院國家發展基金投資生物科技產業計畫」,期以政府投資帶動產業發展,國發基金投資生技醫藥產業範圍主要包括大、小分子利基型藥物、原料藥、中草藥、生物資訊、藥物開發、基因診斷、基因治療、幹細胞、疫苗、生技服務、醫療器材及其他經主管機關重點推動或推薦者[11],依據申請投資計畫規模分為直接投資、投資創投基金,以及加強投資中小企業實施方案投資等不同之配置。直接投資為當次募資總金額5億元以上,公股比例不超過50%;投資創投基金主要為透過創投基金帶動民間投資,國發基金投資原則以投資30%,投資金額不超過10億元,公股比例亦不超過50%。國發基金投資生醫產業的比率約占其總投資的四成,

---

[11] 參考經濟部生技醫藥產業發展推動小組網站法規與優惠措施介紹〈http://www.biopharm.org.tw/law_content.php?li=8〉。

目前已直接投資14家生技公司，截至2017年5月底，已協助7家公司上市、上櫃，創業天使計畫生醫與醫材組累計通過38案，金額達1.38億元[12]。

　　政府基金投入扶植生技醫療產業，有助於生技業者發展並帶動民間投資，惟政府資金其實就是全體納稅人繳納之稅金，基金之損益情形受到多種監督，國發基金針對被投資之事業亦有多種監督手段。參照國發基金公布之投資虧損名單，以投資公司連三年虧損為指標，有三分之二以上的虧損公司均為生技公司[13]，政府是否能持續承受投資生技業之虧損，即須視政府願意扶持生技產業到何種程度，以及國發基金選擇投資標的之決策是否適當。

（三）一般投資人

　　除靠上市櫃籌資及政府基金挹注外，其他籌資來源即為吸引民間投資人投資，依其來源可分為外資、陸資及境內投資人投資。台灣位處東亞中樞，緊鄰中國大陸市場，目前全球生技醫療產業蓬勃發展，台灣生技醫療公司可能成為外國投資人切入亞洲市場時考量的選項之一。然而台灣對於外國投資仍存在法規管制，均可能造成產業發展上之限制。

---

[12] 參考〈生醫3專法 拚明年初通過〉，2017年9月6日，工商時報，張語羚／台北報導。

[13] 參考〈被列國發基金「重災區」生技業未來真的「賠光了」嗎？〉，2017年3月30日，民報，吳佩蓉。

1. 相關投資優惠措施

　　為鼓勵民間投資生技醫療產業，政府於2007年7月制定「生技新藥產業發展條例」，針對新藥產業提供包括公司及股東所得稅抵減等優惠，並於2017年1月18日修正擴大適用之生技醫療公司範圍，將生技新藥產業之範圍從原本指用於人類及動植物用之新藥、高風險醫療器材，擴大及於新興生技醫藥產品產業。本條例提供之優惠主要包括(1)研發及人才培訓支出抵減；(2)股東投資抵減；(3)高階專業人員及技術投資人所得技術股免稅；(4)高階專業人員及技術投資人認股權憑證。其中第(2)股東投資抵減即為提供稅務上之優惠鼓勵投資人投資之措施，生技新藥公司在取得經濟部工業局核發之生技新藥公司審定函及生技新藥投資計畫核准函後，符合特定資格之股東即可享有稅務上之優惠。

　　依據生技新藥產業發展條例第6條，公司之「營利事業股東」及「創業投資事業之營利事業股東」於符合一定條件下得抵減其應繳納之營利事業所得稅，其抵減之起點及金額如下：

	營利事業股東	創業投資事業之營利事業股東
抵減金額	投資金額的20%	營利事業股東持有創業投資事業之股權比例之20%
抵減起點	自營利事業股東有應納營利事業所得稅之年度起五年內抵減各年度應納營利事業所得稅額	自創業投資事業成為該生技新藥公司記名股東第四年度起五年內抵減各年度應納營利事業所得稅額

本項租稅上之優惠確實可增加投資人投資生技醫藥產業之誘因，惟在適用上仍有以下之限制值得注意：

(1) 外國投資人之適用

　　本條係在「營利事業」原始認股或應募屬該生技新藥公司發行之股票時給予減免優惠，故如外國投資人直接投資境內之生技醫藥公司，且該外國投資人非台灣境內之營利事業（無營利事業登記證），可能即無法適用本項之優惠措施，故該項投資抵減之稅務優惠對於吸引外資之投資幫助有限。

(2) 僅限於營利事業

　　如前所述，本項租稅優惠之主體僅限於營利事業，除了前述的外國投資人外，台灣的自然人及非營利事業型態之投資人亦無法享有相關優惠。

(3) 須成為記名股東達三年以上

　　本項優惠要求股東持有記名股票達三年以上。一般投資人投資持有期間之評估係以公司之成長及獲利狀況等因素綜合判斷投資之損益及出場時點，特別是財務性投資人對於投資之出場通常係以績效為主要考量，如因處分投資之關係，實際持有期間少於三年，即無法適用本項投資抵減之稅務優惠。

　　綜上所述，生技新藥產業發展條例雖然對生技醫藥產業之投資人提供投資抵減之租稅優惠，惟其適用範圍仍有所侷限。

2. 外資及陸資投資生技醫療產業之相關限制

　　台灣雖然有誘因吸引國外投資人投資，然而台灣法令對於外

國投資有諸多限制,在與國外投資人討論或安排投資架構時應一併注意相關法令規定。

(1) 外資投資生技醫療產業之限制

台灣目前針對外資投資均採事前申請制,須在投資前取得經濟部投資審議委員會(以下稱「投審會」)之核准,對於資金之來源及被投資公司所做之轉投資均有相關限制,審查時程亦常因個案而異,導致外資資金進入台灣所須時間長且時程不確定,影響外資投資意願。一般來說在審查外資投資時較須注意的問題包括:資金之來源是否包含陸資、投資業別項目是否落入負面表列等。目前生技醫療產業均屬外資得投資之業別,但在處理投審會申請時,有時仍須提出相關文件證明投資人並無陸資之持股。

依目前相關法令規定,投資人如有大陸地區人民、法人、團體或其他機構直接或間接合計持股超過30%,或前述之人對投資人具有控制能力時,即屬於陸資,因此申請實務上投審會往往會要求外資申請人提供公司上層股東之控股架構圖,上層股東甚至必須追溯到最終受益人,以證明其外資之背景。然而實務上,外國投資人之資金來源可能無法逐一確認,特別是上層股東如有外國上市公司或境外基金,證明投資人股東國籍之任務將變得相當棘手。此外,外國私募基金通常因其基金特性或契約約定之關係而無法揭露其有限合夥人(Limited Partner)之身分,也常造成實務上在面對投審會時說明上的困難。

綜上所述,目前台灣法令對於外資之投資仍設有限制,尤其

受到陸資管制的影響，導致外資在證明其資金來源時可能碰到困
難。外國投資人在投資台灣相關產業時，需事前妥適安排交易架
構，避免在向主管機關申請核准或許可時遇到障礙或爭議。

(2) 陸資投資生技醫療產業之限制

　　台灣目前對陸資之管制嚴格，最主要之管制為對行業類別之
限制，目前只有列在投審會所公布之正面表列中的行業才可被陸
資投資，未載明於正面表列中之行業即禁止陸資投資，且部分正
面表列中之行業亦設有相關投資限制。

　　陸資若擬投資台灣生技醫療產業，首先須確認所投資之業別
是否允許陸資投資。下表大致列出目前正面表列中生技醫療產業
相關之類別，涉及原料藥及生物藥品製造者即須符合相關限制條
件，如被投資公司之營業項目無法在正面表列中找到相對應的項
目，陸資將被禁止投資該種公司。

行業標準分類	限制條件
原料藥製造業	1. 限非屬中藥原料藥之製造者 2. 限投資台灣地區現有事業，陸資持股比率須低於50%
生物藥品製造業	1. 限投資台灣地區現有事業 2. 陸資持股比率須低於50%
體外檢驗試劑製造業	V
其他醫療器材及用品製造業	V
輻射及電子醫學設備製造業	V

如前所述，如有大陸地區人民、法人、團體或其他機構直接或間接合計持股投資人超過30%，或前述之人對投資人具有控制能力時，投資人就會被劃入陸資的範疇。近幾年陸資企業於全球不斷併購各類的外資公司，一旦陸資取得超過30%之股權後，依現行規定該外資公司即會轉為陸資身分，其原本在台灣之投資就會受到影響，而須另外向投審會申請由外資身分轉為陸資身分，如果在台灣之營業屬於陸資禁止投資的項目，其在台灣投資之子公司或分公司可能就需重新進行架構改組或資產轉讓，甚或面臨解散清算之命運。

除前述對外資及陸資的投資限制外，另一項可能影響外國投資人投資意願之因素即為台灣對大陸地區投資之限制。目前台灣訂有相關法令管制台灣公司赴大陸地區之投資，除了設有投資限額外，特定產業亦不得赴大陸地區投資，技術授權並須取得投審會許可。對於外國投資人來說，資金投入台灣後，再轉投資至大陸可能面臨許多限制，導致資金無法做更靈活的運用。

三、未來展望

目前台灣生技醫療產業在籌資時，多半採用爭取申請上市櫃、取得國發基金投資、或向國內外創投等投資人募資做為主要之手段。惟上市櫃須付出較高的法遵成本，成功上市櫃後雖可取得所需之資金，但股價之壓力亦將如影隨形；國發基金之投資則

可能因法令或政策目標之改變而轉向；爭取更多的國內外資金投入亦是生技醫療產業相當重要之募資管道，惟外資投資生技醫療產業時，除無法比照台灣境內營利事業享有投資抵減之租稅優惠外，亦可能面臨主管機關審查實務及相關法令對外資投資之障礙或限制。

　　近年來已有部分外資私募基金開始投資台灣之生技醫療公司，可見台灣生技醫療產業之發展相當受到海內外投資人之重視；如投資人於進行交易前，妥適安排交易架構，並與主管機關進行良好之溝通，或如未來相關法規及政策較為開放，將更有助台灣生技醫療產業的籌資活動。

10 台灣閉鎖性股份有限公司介紹

張溢修／吳振群

一、前言

根據台灣董事學會發表的「2016華人家族企業報告」[1]，台灣家族企業占台灣上市公司的73%，相較於香港42%、中國33%高出許多，且台灣家族企業的市值占資本市場總和高達63%，對台灣整體經濟有舉足輕重之地位。

我國於2015年9月上路的公司法修正案，於公司法第五章「股份有限公司」下增訂「閉鎖性股份有限公司」專節，據經濟部提供的統計數據，從修法至今約二年期間，新設閉鎖性股份有限公司共811家[2]。由於閉鎖性股份有限公司具有股東人數少、重視股東間信賴關係，以及可增加股權轉讓限制、特別股機制，設計非常彈性且符合各公司情況的投票及利益分享方式，若妥善運用，將有助於台灣家族企業之股權及經營權之安排。

---

[1] 台灣董事學會，2016華人家族企業報告，http://twiod.org/index.php?option=com_sppagebuilder&view=page&id=82（最後瀏覽日：2017/9/26）。

[2] 經濟部商業司，http://gcis.nat.gov.tw/mainNew/closeCmpyAction.do?method=list（最後瀏覽日：2017/10/30）。

二、台灣家族企業常見問題

（一）欠缺接班人計畫

　　台灣家族企業常見之另一大特色為家父長制度，即企業經營大權掌握在一人手中，其優點為在經營者生前或交接前，企業內部決策快速少見紛爭，然而缺點往往在原經營者逝世後，因欠缺明確接班人計畫，出現經營權之爭。如2016年1月20日長榮集團創辦人張榮發逝世，當時遺囑指定由四子張國煒繼任集團總裁、遺產其獨拿，卻遭張國煒三位兄長及大房反對，嗣後於長榮航空臨時召開董事會拔去張國煒董事長職位，而原本握有二席董事的張國煒從此退出董事會，另外籌設星宇航空。

　　根據資誠聯合會計師事務進行全球之家族企業調查[3]，台灣家族企業中僅有9%表示具備健全、書面文件記載，且已傳達的接班安排計畫，低於全球平均的15%。反觀家族企業盛行的德國，如默克（Merck）集團，除是全球歷史最悠久的製藥及化學公司也是著名的家族企業，目前已傳承到第十三代，將在今（2017）年慶祝創業三百五十週年。默克集團董事長史丹格哈弗坎（Frank Stangenberg-Haverkamp）博士認為企業能長久，除了經營方向正確外，最重要的是經營權（management）與所有

---

[3]　2016資誠PwC家族企業調查，http://www.pwc.tw/zh/publications/family-business/pwc-taiwan-family-business-survey-2016.pdf（最後瀏覽日：2016/9/27）。

權（ownership）要劃分得宜[4]。

　　尤其家族企業中未必所有成員皆有意經營，若以相同或接近的股份分配，即可能發生因家族紛爭導致有意經營之人被撤換，或發生無意經營者接掌企業等不利情形。因此及早建立及安排接班人計畫，將經營權與所有權妥善區隔，對於家族企業經營及傳承甚為重要。

（二）章程及特別股彈性不足

　　根據統計[5]，全球家族企業及台灣家族企業選擇將所有權與經營權皆交給下一代比率分別為39%與58%，顯示台灣家族企業多數傾向將所有權及經營權都傳承給下一代。然而現實情況為，未必下一代家族成員都有能力，且有意願繼續經營家族企業，甚至可能出現負責經營與單純受盈餘分配的家族成員，再下一代又出現二者地位互換的情況，但隨著股權繼承發生，導致股東人數更多、更複雜的因素，皆不利家族企業的傳承。因此，一套具有彈性且可因應各種情況的制度，尤其在股東如何分配盈餘、股東表決權如何行使，以避免企業交於錯誤之人手中，皆有助於家族企業永續經營，然而，現行股份有限公司或有限公司之規定彈性均有不足。

---

[4]　聯合新聞網，https://udn.com/news/story/6811/2536468（最後瀏覽日：2017/9/27）。
[5]　2016資誠PwC家族企業調查，同註3。

　　舉例而言，股份有限公司依現行規定及司法實務見解，禁止於公司章程對股份轉讓爲禁止或限制，縱使股東間相互約定不得轉讓，對於第三人亦不生拘束效力，不利家族企業維持閉鎖性，因此曾發生公司統一將股票鎖在保險櫃，以防止股東轉讓股票的案例。再者，對於不負責經營的家族成員股東，或取得企業股份之員工而言，除了分享利潤外，應如何限制其就公司經營事項的表決權，以避免其插手家族企業經營？

　　由於公司法第157條對於特別股得於章程規定之事項僅：「一、特別股分派股息及紅利之順序、定額或定率。二、特別股分派公司謄餘財產之順序、定額或定率。三、特別股之股東行使表決權之順序、限制或無表決權。四、特別股權利、義務之其他事項。」因此諸如是否可限制其選任董事？或讓負責經營家族企業的股東就公司重要經營事項享有否決權？就利潤分享而言，可否於章程約定，倘企業經營獲利達多少以上，應按多少比例分配盈餘，而獲利不達多少，則按多少比例分派，並讓不負責經營的家族成員股東有更換經營者的制度？然而，現行股份有限公司在章程或特別股的設計上彈性均顯不足，無法於一開始制定一套可永續經營的規則，而仰賴每年股東會或董事會決議，因此在家族有紛爭時，特別容易陷入空轉或虛耗，不利家族企業將經營權及所有權分離或永續經營。

（三）持股模式複雜

　　台灣家族企業之經營者經常透過他人持有股份，未必親自持股，根據統計[6]，以台灣、中國及香港家族企業之控制人平均持股比例來看，台灣33.8%最低、中國43.6%次之、香港50.1%最高。另以控股模式來看，台灣大家族的持股方式，主要以關係企業持股或交叉持股最高（占40.4%），其次是透過投資或控股公司持股（占28.3%），直接持股則為三地中最低（占18.7%），另外台灣也常見以學校、醫院、財團法人等公益機構持股，因此持股模式最為複雜。關於三地持之股模式比較及特色，略整理如下：

中國、香港、台灣家族企業持股比較[7]

	台灣	中國	香港
關係企業／交叉持股	40.4%	38.5%	30.7%
投資／控股公司持股	28.3%	24.65	26.5%
直接持股	18.7%	30.85	21.1%
信託持股	少見	少見	14.5%
特色	公益機構持股，持股模式複雜	直接持股比例高，持股模式相對單純	信託持股方式比例高

6　台灣董事學會，2016華人家族企業報告，同註1。
7　整理自台灣董事學會，2016華人家族企業報告，同註1。

台灣家族企業之經營者持股比例較低，與台灣企業常以人頭或掛名股東之方式持股有關，加上持股模式複雜，兩因素容易引發公司治理問題。

（四）掛名股東、股份借名登記

此問題的原因在於，台灣部分家族企業大股東基於個人資料保護考量，透過借名登記方式，將其部分股份掛名由其他家族成員或子女分散持有；亦有家族企業為照顧家族遺族，由企業經營者移轉或發行股份與家族成員，但該股東未必實際出資；另常見家族企業之股份安排、轉讓操之在企業經營者手中，對於由何家族成員持有或移轉股份，均由企業經營者安排，甚至掛名股東從未出席過股東會也常有所聞。諸如以上情形，導致台灣家族企業掛名股東或股份借名登記問題屢見不鮮，然而當家族出現糾紛時，即產生登記股東是否實際擁有股份，進而引發諸如股份返還、侵權行為等爭議。

實務上曾有案例[8]，振○公司為一家族企業，其公司代表人甲逝世後，公司股東乙對另一股東丙起訴，主張於甲過世後其股份遭丙不當轉讓，故丙應將股份變更登記予以塗銷、回復原狀，而丙抗辯該企業為甲與丙實際出資創立，其他股東均係借名登記股東，此由甲生前不曾召開任何股東會或董事會，且關於股權異

---

[8] 臺灣臺中地方法院98年度訴字第1681號民事判決參照。

動係依甲一人意思決定可知。惟法院認為,依台灣家族企業之通常情況,企業經營者通常自子女年幼時起即逐漸將股權直接登記或轉移子女名下,並安排企業接班,縱未掌企業經營權之子女,亦擁有相當之股權,其真意或為股權或出資之贈與,而認為非屬為借名登記。

　　然而,也有實務案例為[9],登記為股份有限公司但實際上為閉鎖型之家族企業,該公司未實際召開股東會,而由公司經營者保管其他股東印章,對於由何人取得多少股份,由公司經營者分配,無須經他人事前同意或事後承認。因此法院認為,雖然公司文件資料自65年起至93年間多次召開股東會,會議記錄均記載全體股東出席、並蓋用印章。但公司登記文件僅係配合主管機關備查需要而相應製作,未必符合真實情況,再參酌該公司歷來股東及持有股數一覽表,自77年起至96年間歷經多次股權變動,期間均無人異議,證明登記股東之股權取捨,全由公司經營者之意思決定。因此,判決認為遭移轉股份之股東嗣後向該公司以侵權行為主張回復原狀,並無理由。採相同實務見解[10]亦有認為:「我國中小企業多為家族企業,而於家族企業中,通常由父兄主導設立,其餘股東僅為掛名股東,未實際出資之實務現況相符」而認為掛名股東之股份僅為借名登記,故借名人死亡後,借名登記法律關係消滅,出名人應返還股份。

---

[9]　臺灣高等法院105年度重上字第352號民事判決參照。
[10]　參臺灣臺北地方法院民事判決105年度重訴字第74號民事判決。

由上開案例可知，掛名股東或股份是否為借名登記的問題層出不窮，法院甚至認為未必以公司登記文件為準，而應以股東是否實際出席股東會、對於股份移轉是否知悉、同意等實際情況審酌，因此也可能產生個案不同的差異。

三、閉鎖性股份有限公司現況

　　閉鎖性股份有限公司自2015年9月至今約二年時間，截至本文撰寫為止，根據經濟部統計[11]，現有閉鎖性公司總數為811家，相較股份有限公司約164,00家、有限公司約51,900家，閉鎖性股份有限公司數量少許多。而原先設定為科技新創事業採用，此由修法總說明中明揭：「建構我國成為適合全球投資之環境，促使我國商業環境更有利於新創產業，吸引更多國內外創業者在我國設立公司，另因應科技新創事業之需求，賦予企業有較大自治空間與多元化籌資工具及更具彈性之股權安排」，但由經濟部自2015年9月至今年5月之統計數據觀之[12]，閉鎖性股份有限公司主要行業分布略為：專業、科學及技術服務業30%、製造業18%、金融保險業16%、出版影音傳播及資服業10%，可見不只科技新創事業，也逐漸有傳統產業之製造業或家族企業採用。

---

[11] 經濟部商業司，http://gcis.nat.gov.tw/mainNew/closeCmpyAction.do?method=list，同註2。

[12] 聯合新聞網，https://udn.com/news/story/7243/2489669?from=udn-hotnews_ch2（最後瀏覽日：2017/9/29）。

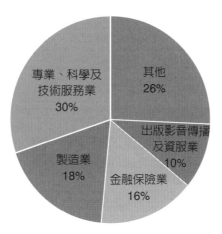

專業、科學及
技術服務業
30%

其他
26%

出版影音傳播
及資服業
10%

製造業
18%

金融保險業
16%

閉鎖性股份有限公司主要行業分布[13]

四、閉鎖性股份有限公司特色

　　依公司法第2條規定，我國公司分為無限公司、有限公司、兩合公司與股份有限公司，立法起初預設中小型、人合性公司適用無限、有限及兩合公司型態，大型、公開性公司則適用於股份有限公司[14]。然而對於具有家族特性之「小」股份有限公司，或有意以閉鎖型股份有限公司作為家族企業之控股公司而言，現行法下對於股份有限公司則有繁多且複雜之強制規定且欠缺彈性，經實際操作後，已出現不合時宜之處[15]。因此，在歷經十餘年

[13] 聯合新聞網，同註12。
[14] 王文宇，閉鎖性公司修法方向建議，全國律師，第17卷第2期，頁4，2013年2月。
[15] 王文宇，閉鎖性公司之立法政策與建議，法令月刊，第54卷第6期，頁57-58，2003年6月。

後，我國閉鎖性股份有限公司專節於2015年9月上路，此一鬆綁所採取的立法政策是導入契約自由原則，讓閉鎖性公司可自行打造一套適合其發展的規範，落實公司治理及轉讓限制的自治化，使其在股權安排及運作上更具彈性，現行法關於閉鎖性股份有限公司之特點如下。

（一）股東人數上限50人

1. 條文及立法理由

公司法第356條之1第1項規定：「閉鎖性股份有限公司，指股東人數不超過五十人，並於章程定有股份轉讓限制之非公開發行股票公司。」立法理由為：「參考新加坡、香港閉鎖性公司之股東人數為五十人；另基於閉鎖性股份有限公司之最大特點係股份之轉讓受到限制，爰於第一項定義閉鎖性股份有限公司係指股東人數不超過五十人，並於章程定有股份轉讓限制之非公開發行股票公司。」

2. 妥善運用有利於家族企業之原因

閉鎖性股份有限公司股東人數上限為50人，對非閉鎖性公司而言，股東人數可能過低，但對於重視股東間彼此信賴關係、避免外人進入的家族企業而言，即使家族成員有變動或發生繼承等情形，股東人數應仍可維持在50人之內，在股東人數少、股權結構不複雜情形下，可使股東會召開、決議更有效率，加上閉鎖性股份有限公司可於章程對股份轉讓進行限制，因此可將充分維

持公司之閉鎖性。

（二）出資方式放寬

1. 條文及立法理由

　　公司法第356條之3第2項規定：「發起人之出資除現金外，得以公司事業所需之財產、技術、勞務或信用抵充之。但以勞務、信用抵充之股數，不得超過公司發行股份總數之一定比例。」立法理由為：「參酌其他國家之作法及因應實務需要，於第二項明定發起人出資種類，包括現金、公司事業所需之財產、技術、勞務或信用。」

　　公司法第356條之12第2項規定：「新股認購人之出資方式，除準用第三百五十六條之三第二項至第四項規定外，並得以對公司所有之貨幣債權抵充之。」立法理由為：「第二項明定公司設立後，新股認購人出資之方式，除準用發起人之出資方式外，亦得以對公司所有之貨幣債權抵充之。」

2. 妥善運用有利於家族企業之原因

　　相較於有限公司、股份有限公司僅得以資產、技術出資，閉鎖性股份有限公司新增可以勞務及信用出資，發行新股時，認購人出資方式，除可以財產、技術、勞務或信用抵充外，亦得以對公司所有之貨幣債權抵充之，大幅提升股東出資的彈性。相較於台灣家族企業常見的掛名股東問題，起因多源於股份由經營者取得，再負責安排、移轉予其他家族成員，而嗣後遭爭執該股份是

否爲借名登記，仍屬經營者所有爭議。但於閉鎖性股份有限公司中，由於出資方式放寬，有助於家族企業成員於發起或發行新股時，以信用或勞務方式出資，直接第一手取得股份，甚至加上章程的彈性運用，例如在章程中規定，讓下一代家族企業成員在符合一定條件下，以預先設定的條件取得股份，即可預先避免後代股東間之糾紛，亦有助於家族企業之傳承。

（三）股份轉讓限制

1. 條文及立法理由

公司法第356條之5第1、2項規定：「公司股份轉讓之限制，應於章程載明（第1項）。前項股份轉讓之限制，公司發行股票者，應於股票以明顯文字註記；不發行股票者，讓與人應於交付受讓人之相關書面文件中載明（第2項）。」立法理由爲：「基於閉鎖性股份有限公司之最大特點，係股份之轉讓受到限制，以維持其閉鎖特性，爰於第一項規定公司股份轉讓之限制，應於章程載明。至於股份轉讓之限制方式，由股東自行約定，例如股東轉讓股份時，應得其他股東事前之同意等。」

2. 妥善運用有利於家族企業之原因

對於保持企業之閉鎖性，最重的課題在於避免股份任意流出，發生外人進入或敵意併購情形。而按公司法規定，有限公司股東非得其他全體股東過半數之同意，不得轉讓出資於他人（第111條）；而股份有限公司的股份則爲自由轉讓，不得以章程禁

止或限制（第163條第1項）。閉鎖性股份有限公司，可直接於章程中載明股份轉讓限制，以及載明限制之條件，除可充分發揮契約自由原則，亦可保持企業閉鎖特性，對照有限公司及股份有限公司，閉鎖性股份有限公司更有助於家族企業之安排。

（四）特別股及表決權

1. 條文及立法理由

　　公司法第356條之7規定：「公司發行特別股時，應就下列各款於章程中定之：一、特別股分派股息及紅利之順序、定額或定率。二、特別股分派公司賸餘財產之順序、定額或定率。三、特別股之股東行使表決權之順序、限制、無表決權、複數表決權或對於特定事項之否決權。四、特別股股東被選舉為董事、監察人權利之事項。五、特別股轉換成普通股之轉換股數、方法或轉換公式。六、特別股轉讓之限制。七、特別股權利、義務之其他事項。」立法理由為：「本於閉鎖性之特質，股東之權利義務如何規劃始為妥適，宜允許閉鎖性股份有限公司有充足之企業自治空間。……除第一百五十七條固有特別股類型外，於第三款及第五款放寬公司可發行複數表決權之特別股、對於特定事項有否決權之特別股、可轉換成複數普通股之特別股等；第四款允許特別股股東被選舉為董事、監察人之權利之事項；另如擁有複數表決權之特別股、對於特定事項有否決權之特別股、可轉換成複數普通股之特別股，得隨意轉讓股份，對公司經營將造成重大影響，

是以，第六款允許公司透過章程針對特別股之轉讓加以限制。」

2. 妥善運用有利於家族企業之原因

家族企業中未必每個成員皆有經營意願經營公司或在乎企業，但台灣常見經營者將股權平均分配予數家庭成員，或是經營者生前未作好規劃，逝世後其股份變為遺產由繼承人繼承，後發生有意且有能力經營的家族成員遭撤換，或經營權轉在無能力且無意願經營之家族成員手中。因此若妥善運用閉鎖性股份有限公司特別股之設計，例如讓有意願且有能力之家族成員之特別股股東擁有複數表決權、對於特定事項之否決權或被選舉為董事等條件，藉此掌握實質經營權，而讓其他家族成員單純享有受分配利益，而無影響公司經營決策之權利。甚至加上章程的彈性運用，例如在章程中規定，下一代家族企業成員在符合一定條件下，取得特定權利義務的特別股，使其更有利或不利掌握公司經營。因此，如何設計一套符合各家族企業或家族成員特性之章程或特別股，有賴企業經營者的智慧及經驗，若設計妥適，即可有效避免後代股東間之糾紛，有助於家族企業之傳承。

（五）股東會決議方式簡化

1. 條文及立法理由

公司法第356條之8第1、3項規定：「公司章程得訂明股東會開會時，以視訊會議或其他經中央主管機關公告之方式為之（第1項）。公司章程得訂明經全體股東同意，股東就當次股東

會議案以書面方式行使其表決權,而不實際集會(第3項)。」

立法理由爲:「閉鎖性股份有限公司股東人數較少,股東間關係緊密,且通常股東實際參與公司運作,爲放寬股東會得以較簡便方式行之,爰於第一項明定公司股東會開會得以視訊會議或其他經中央主管機關公告之方式爲之……爲利閉鎖性股份有限公司召開股東會之彈性,爰於第三項明定公司章程得訂明經全體股東同意,股東就當次股東會議案以書面方式行使其表決權,而不實際集會。」

2. 妥善運用有利於家族企業之原因

由於閉鎖性股份有限公司股東人數較少,股東彼此關係較爲緊密,因此修法放寬可以視訊會議召開股東會,甚至可於章程中明訂,經全體股東就當次股東會議案,以書面行使表決權,即可不必實際召開股東會,此亦有助於減少現行許多家族企業,由經營者保管他人印章,流於形式召開股東會的情形。

(六)增加盈餘分派次數

1. 條文及立法理由

公司法第356條之10第1項規定:「公司章程得訂明盈餘分派或虧損撥補於每半會計年度終了後爲之。」立法理由爲:「放寬閉鎖性股份有限公司盈餘分派或虧損撥補,得以每半會計年度爲期辦理之,爰爲第一項規定。」

2. 妥善運用有利於家族企業之原因

盈餘分派次數放寬，有助於家族成員可更頻繁受惠於企業，且有部分家族企業需扮演照顧遺孀功能，放寬分配盈餘次數，可避免家族成員一次將年度所得揮霍殆盡而陷入財務困境，變相達到類似信託或定期給付生活費的功能。

（七）小結

閉鎖性股份有限公司相較於現有股份有限公司及有限公司，對於家族企業而言具有以下優點：

閉鎖性股份有限公司利於家族企業之特點[16]

項目	內容	特色
股東人數	不超過50人	股東人數少，易維持公司閉鎖性
出資方式	財產、技術、勞務、信用或貨幣債權	放寬出資方式，利於成員取得股份
股份轉讓	可於章程限制股份轉讓	避免股份外流
特別股／表決權	複數表決權、對特定事項有否決權、被選舉為董事	經營權所有權分離
股東會決議	視訊會議、可於章程規定由全體股東以書面方式行使表決權，免實際開會	簡化股東會程序
盈餘分派次數	可半年一次	使家族成員頻繁受惠於企業

---

[16] 筆者自行整理。

簡而言之，閉鎖性股份有限公司大幅放寬章程及特別股設計的限制，有助於一開始設計一套具有彈性且可因應各種情況的制度，尤其在股東如何分配利潤、股東表決權如何行使，預先設計各種情形發生之因應措施，即可避免須每年透過股東會、董事會決議情形，因此可有效降低當家族出現紛爭時，家族企業無法永續經營的困境。

五、結論

台灣於自2015年9月正式導入閉鎖性股份有限公司以來，目前總數為811家，雖然相較於有限公司及股份有限公司整體數量來看還有很大的成長空間，但在產業類別分布來看，除了立法原先預設的科技新創業外，因為閉鎖性股份有限公司導入契約自由原則，讓公司在股份轉讓、特別股的設計上，可打造一套適合其發展的規範，加上出資方式鬆綁、股東人數限制、股東會程序簡化以及盈餘分派次數增加等因素，反而成為有利家族企業在股權安排及運作的最佳利器，且可充分保障企業的閉鎖性，避免股份落入外人手中。

台灣家族企業占台灣上市公司的73%，且占資本市場總和高達63%，因此家族企業的經營及傳承，對台灣經濟影響重大，若能妥善運用閉鎖型公司的優點，台灣的家族企業可以克服更多障礙以達永續經營的目標。

第四篇

公平競爭與營業秘密

11 敵意併購的結合申報

黃蓮瑛／林思沛／黃若筑

一、前言：從郎有情妹無意之日矽戀曲談起

全球封測大廠「日月光半導體製造股份有限公司」（下稱「日月光」）於民國（下同）104年8月21日，突然宣布將公開收購矽品精密工業股份有限公司（下稱「矽品」）已發行之普通股及其流通在外的美國存託憑證，對近幾年加速整併而風起雲湧的全球半導體產業投下震撼彈，直至雙方於105年6月30日共同宣布雙方董事會決議通過籌組新設公司，並共同簽署共同轉換股份協議（下稱「轉換股份協議」），始為此一日矽戀曲暫時畫下休止符。

日月光及矽品的結盟，牽動全球半導體市場的產業變遷，又因市場的勢力消長，而涉及公平交易法結合申報的審查。於104年8月21日，日月光宣布於公開市場對矽品發動第一次公開收購，並擬取得逾25%股份後，日月光先後共提出了兩次結合申報。日月光先於104年12月25日向公平交易委員會（下稱「公平會」）提出結合申報（下稱「第一次結合申報」），但因系爭結合案所繫公開收購未得成就而無實施可能，公平會遂於105年3

月24日函復日月光中止審議之決定；但日月光仍不願放棄，再於
105年3月25日公告擬於集中交易市場取得矽品的股份，日月光
的鍥而不捨終於打動佳人芳心，劇情峰迴路轉，日月光與矽品於
105年6月30日宣布雙方董事會決議通過籌組新設公司，預計將
日月光及矽品併入該新設公司旗下，成為該新設公司的全資子公
司，故日月光再於105年7月29日向公平會提出第二次結合申報
（下稱「第二次結合申報」）[1]。

　　此件引起台灣社會高度討論的併購案例，引發了我國立法
者對敵意併購適用現行結合制度的反思契機。相比這兩次結合申
請，公平會於本案第一次結合申報辦理上網公告徵詢意見時，竟
獲有7,077則意見反映，遠多於就合意併購徵詢意見所獲得的意
見反應數量，足見相較於合意併購，市場對敵意併購有較多疑慮
與意見。因此，考量我國整體經營與競爭秩序之維護，並更加完
善敵意併購的結合審查機制，我國立法者於106年6月14日修正
並公布公平交易法，針對敵意併購新增相關制度，對我國結合申
報帶來重大影響。

---

[1]　事實上，日月光亦曾於2016年4月1日亦提出結合申報，惟因結合內容變動而自
行撤回，故本文以下將不特別討論本次結合申報。請參照馬明玲，非合意併購
VS.合意結合——以日矽戀為例，公平交易委員會電子報第71期，2017年3月15
日；吳博聰，我國非合意併購實務案例暨攻防策略簡介，證券服務第658期，
2017年4月。

二、敵意併購定義與代表案例

（一）何謂敵意併購

　　「敵意併購」一詞（hostile merge）亦有人稱其爲「非合意併購」或「惡意併購」（本文以下將統稱爲「敵意併購」），於台灣相關法規雖然未見明文規定，但依據本次公平交易法的修正理由，敵意併購係指「併購者之收購行動遭被併購公司經營者抗拒時仍強行收購，或未事先與經營者商議即逕提公開收購要約」之併購類型[2]，又學理上亦有認爲敵意併購係指一種逆向操作的併購型態，即在目標公司的經營者（如公司負責人或董事會）不同意被併購的情況下，併購人卻透過直接向股東購買、公開收購、標購等方式，強制取得目標公司控制權與經營權的手段[3]。

　　因此，敵意併購與合意併購的最大差異在於，前者的目標公司係出於非自願因素，而被迫強行拉入併購關係，在彼此意願不對等的情況下，容易出現資訊不一致或彼此有所衝突、爭執的情況。若將是否形成合意的併購關係反映於結合審查程序，於合意併購中，申報人於事業結合申報書所載參與結合事業的產銷資料、營運計畫及結合實施結果係以參與結合事業的共識爲基礎，彼此合作、互相補充申報書的完整性；但在敵意併購的情形，因

---

[2]　請參考公平交易法第11條的修正理由。
[3]　參王文宇，非合意併購的政策與法制——以強制收購與防禦措施爲中心，月旦法學雜誌第125期，2005年10月。

參與結合事業無法形成共識，故結合申報文件、資料的真實性與完整性不若合意併購案件，且於現行法下，係由發動併購者擔任申報事業，故申報內容往往出於發動併購者的一方之詞，更易受到被併購業者的爭執[4]，而加深公平會對於敵意併購案件的審理難度，上述種種均成為各界檢討是否於公平交易法對事業結合型態作出區分，並予以差別處理的契機。

（二）台灣敵意併購結合申報之代表案例介紹

於進入敵意併購結合申報的法規討論之前，首先介紹我國近年受到社會矚目的敵意併購代表案例。

1. 日月光併購矽品

我國近年最受到關注的敵意併購案件當為日月光併購矽品案莫屬。日月光最初係於104年8月21日宣布自8月24日起，以每普通股新臺幣45元作為對價，公開收購矽品已發行之普通股，並以每單位美國存託憑證（表彰矽品普通股5股）新臺幣225元之美元現金作為對價公開收購矽品流通在外之美國存託憑證，預定之最高收購數量為矽品普通股779,000,000股（含矽品公司流通在外美國存託憑證所表彰之普通股股數），約當於矽品公司已發行普通股股份總數之25%[5]。

---

[4] 馬明玲，非合意併購VS.合意結合——以日矽戀為例，公平交易委員會電子報第71期，2017年3月15日，頁1。

[5] 請參照2015年8月21日日月光於公開資訊觀測站所公布之重大訊息，參考網址為 http://mops.twse.com.tw/mops/web/t05st01（最後瀏覽日：2017/10/1）。

　　雖然日月光公開表示，本次公開收購純屬財務性投資，日月光不會介入矽品之經營，惟矽品卻表示對前述收購毫不知情，並嘗試以與鴻海進行股份交換、以私募方式引入中國紫光集團，作為對日月光公開收購之制衡手段；面對矽品接連出招的反制手段，日月光被迫調整策略，提議在雙方合意的基礎下，共同簽訂合乎市場併購慣例之條款及條件，以現金為對價進行股份轉換收購矽品100%股權[6]，但日月光的心意未能即時取得矽品董事會的信賴，日月光遂於同年12月22日公布將採行第二次公開收購，希冀將日月光對矽品之持股比例提高至約49.71%，並擬於本次公開收購完成後，以股份轉換方式由日月光取得矽品100%股權[7]。

　　由於第二次公開收購符合公平交易法第10條第1項第2款「持有或取得他事業之股份或出資額，達到他事業有表決權股份總數或資本總額三分之一以上」、第5款「直接或間接控制他事業之業務經營或人事任免」之結合型態，另本案參與結合事業的銷售金額亦達同法第11條第1項第3款之結合申報門檻，故日月光於104年12月25日向公平會提出第一次結合申報。惟因本案受調查事業眾多，產銷資料龐雜，自公平會受理後，雖經多次委員會議就各項爭點審慎逐一討論並審議，惟本案是否造成限制競爭之

---

[6]　請參照2015年12月14日日月光於公開資訊觀測站所公布之重大訊息，參考網址為 http://mops.twse.com.tw/mops/web/t05st01（最後瀏覽日：2017/10/1）。
[7]　請參照2015年12月22日日月光於公開資訊觀測站所公布之重大訊息，參考網址為 http://mops.twse.com.tw/mops/web/t05st01（最後瀏覽日：2017/10/2）。

不利益及整體經濟利益綜效評估等競爭議題仍有諸多爭點尚待釐清，故公平會遲未作成禁止或不禁止結合的決定，並於105年2月24日第1268次委員會議決議延長審議期間，但因該公開收購於105年3月17日屆期，且截至前述期限爲止，日月光均未取得公平會結合核准，致客觀上第二次公開收購已無實施可能，故公平會於105年3月23日公告中止本案審議[8]。

然而，第一次結合申報的失敗並未消弭日月光繼續追求矽品的強烈決心，日月光仍接續自3月25日起公告，於集中交易市場買入矽品股票，皇天不負苦心人，日矽併購案終於展露曙光，雙方於105年6月30日取得共識，共同宣布簽署轉換股份協議，預計於105年12月31日前，藉由籌組新設控股公司，並與日月光及矽品進行股份轉換，將二公司併入成爲該新設公司旗下的全資子公司。因前述交易仍然構成公平交易法第10條第1項第2款及第5款的結合型態，故日月光於105年7月29日再次向公平會提出第二次結合申報，並於105年11月16日經公平會第1306次委員會議決議的不禁止結合。

因日月光與矽品同屬的全球封測代工市場競爭激烈，需求者轉換交易對象亦非不易，又縱使雙方的原料供應商可能面臨降價要求及轉單影響產業規模，惟降價及搶單對相關市場實具促進競爭的效果，且本結合案將帶動相關產業供應鏈的技術進步，經公

---

[8] 　請參照2016年3月23日公平交易委員會新聞資料。

平會審酌經濟部及多數受調查事業或專業機構等的意見，認定本
案之整體經濟利益大於限制競爭的不利益，故依公平交易法第13
條第1項規定不禁止其結合[9]。

　　此外，依據轉換股份協議，本結合案的完成，將取決於取得
各相關國家反托拉斯法主管機關的核准、同意或不禁止等先決條
件成就，故除應取得台灣公平交易委員會不禁止日月光與矽品結
合的函文外，亦須取得美國聯邦貿易委員會及中國大陸商務部的
允准，而日月光及矽品已於106年5月16日收到美國聯邦貿易委
員會（Federal Trade Commission，下稱「FTC」）結束調查本案
的正式確認函，表示就本結合案所展開的非公開調查程序已告終
止，且FTC目前亦認為無需採取任何後續作為，而順利取得FTC
的核准，而本結合案亦於106年11月24日取得中國大陸商務部附
加限制性條件的批准，日月光及矽品將再各自召開股東臨時會通
過本股份轉換[10]。

　　日矽併購案自104年8月21日起，直至105年11月16日正式取
得台灣公平會的不禁止結合之核准，共歷時一年多的時間，期間
雙方反制與反反制策略過招頻頻，最終達成共識形成合意併購，
不僅於風起雲湧的全球半導體產業引起廣大迴響，於台灣社會引
發高度討論，甚至促成立法者重新省思公平交易法結合規範的契

---

[9] 　請參照2016年11月16日公平交易委員會新聞資料。
[10]　謝佳雯，中國大陸商務部有條件批准日月光收購矽品股權案，經濟日報，2017
　　年11月24日，參考網址為https://udn.com/news/story/7240/2837797（最後瀏覽日：
　　2017/12/9）。

機並完成修法。

2. 韓商納克森併購橘子遊戲

　　在日矽案之前，於101年時另有一件敵意併購的結合審查案件[11]，該案被處分人Nexon Co., Ltd.（下稱「Nexon」）是一家在日本東京證交所上市的韓國公司，當時為韓國遊戲市場市值最高的公司，其陸續於台灣證券交易所取得台灣公司橘子數位科技股份有限公司（下稱「橘子遊戲」）的股份，截至101年3月底止合計取得橘子遊戲在外流通股份的33.614%，因符合當時公平交易法第6條第1項第2款[12]規定的「持有或取得他事業之股份或出資額，達到他事業有表決權股份總數或資本總額三分之一以上」結合型態，且達到同法第11條第1項第2款「參與結合之一事業，其市場占有率達四分之一」的申報門檻，Nexon卻未於取得橘子遊戲股份前事先向公平會申報結合，故遭檢舉致開啟公平會的調查。

　　在該案中，雖然Nexon抗辯應將相關市場定義為包含線上遊戲、網頁遊戲、行動遊戲、家用遊戲等範圍的整體「數位遊戲」市場，並援引100年Taiwan數位內容產業年鑑報告主張，橘子遊戲在整體數位遊戲市場中，在台灣及海外地區範圍的市占率於100年僅占16.6%，在台灣地區範圍內的市占率於100年亦僅

---

[11]　請參照公處字第101083號公平交易委員會處分書。
[12]　該條規定於現行公平交易法已變更為公平交易法第10條第1項第2款。

有12.7%，故Nexon粗估橘子遊戲的市占率未達25%而未申報結合。然而，公平會最後於處分書中將相關市場定義為「線上遊戲」市場，並考量語言、文化、社群關係及售後服務等因素將地理市場限縮於台灣地區，另其依據財團法人資訊工業策進會所公布的「遊戲產業發展現況與趨勢」產業研究報告中線上遊戲的整體產值，認定橘子遊戲於100年在線上遊戲的合併營業收入於整體線上遊戲產值中所占的比例為28.53%，市場占有率超過四分之一，故Nexon應進行結合申報卻未申報，而對其處以新臺幣90萬元的罰鍰。

在韓商納克森併購橘子遊戲一案中，除了相關市場定義的問題成為焦點外，亦可見發起敵意併購方於整個敵意併購結合申報中，作為結合申報事業所需擔負的重責大任，除了需盡力獲取產業整體的市場資訊外，亦需盡可能的取得目標公司的市占率、銷售額等資料，此在目標公司是公開發行公司的情況下可能尚不構成問題，但在目標公司資訊不透明的情況下，可能使發起敵意併購方無法正確判斷其是否確實需進行結合申報，亦可能使公平會因取得的申報資料不完整而有礙其審查。

（三）敵意併購之特殊性與結合申報程序差別化處理之必要性

依據本次公平交易法修法理由，立法者認知敵意併購與合意併購的差異性，並認為當敵意併購發生，且兩家事業國內市場占

有率合計超過二分之一時，需要充分的時間進行事業結合的研究與討論，經濟部等目的事業主管機關亦須對產業結合的影響進行各類評估，包括經濟分析與產業分析，及讓被併購者於結合審查階段獲得答辯與防禦的機會，故有必要於公平交易法區分並差別化處理合意或非合意結合之審查方式。

1. 發起敵意併購方的申報義務

於新法修正後，不論於敵意併購或合意併購，應向公平會提出結合申報的申報事業仍應以公平交易法施行細則第8條為準，在以公開收購為常見手段的敵意併購中，依據該條第1項第2款規定，擬取得他事業股份的發起敵意併購者將成為申報事業，而負有填寫「事業結合申報書」的義務，則公平會將以發起敵意併購者所填寫的結合內容、產銷資料為審核對象，倘若其中內容失之偏頗，將對公平會就本結合案對整體經濟利益及限制競爭不利益的判斷造成重大影響，恐有損及公平會是否居於中立地位進行審查的疑慮。

2. 目標公司對結合申報的參與程度較低

如同前述，由於現行法下係由發起併購者主導公平會結合申報的申請，在併購方與被併購方不存在共識的情形下，發起併購方於結合申報書中所提供的產銷資料、營運計畫及結合實施結果的完整性與真實性疑慮，將增加公平會審查程序的難度，故實有必要增加目標公司於結合審查程序的參與度。

3. 外界意見較多

　　併購案件經常影響一個產業的版圖變遷與勢力消長，尤其在敵意併購案件中，由於參與結合事業尚未形成共識，各方對敵意併購的疑慮較多，如在口矽案中，公平會針對第一次結合申報辦理上網公告徵詢意見，即獲有7,077則意見反映，遠多於就合意併購徵詢意見所獲得的意見反應數量，足證敵意併購案件存在應綜合考量多方意見的必要性。

4. 公平會需較多審查期間

　　由於產業各界及主管機關對敵意併購的意見較多，故也連帶影響公平會結合審查程序，為確保公平會擁有完整審查各方意見的時間，應有必要拉長敵意併購的法定審查時程。

三、新法修正內容及影響

　　為因應敵意併購結合申報的特殊性，立法院於106年5月26日三讀通過公平交易法第11條修正案，並於106年6月14日公布施行，本次修正並未對結合申報門檻就敵意或合意併購作區分，僅修正若干結合審查程序事項，以因應敵意併購結合所遇到的審查困難。

（一）新法修正的內容

1. 維持原結合申報門檻而未就敵意或合意併購作區分

公平交易法原於第11條第1項規定以「市場占有率」及「銷售金額」作爲結合申報的雙門檻，本次公平交易法修正並未就敵意及合意併購對原申報門檻作區分規定，故敵意併購發起方仍應審視其與目標公司的市場占有率及銷售金額是否有達到公平交易法的結合門檻，並依公平交易法施行細則第8條規定，負主動向公平會提出結合申報之義務。

2. 未區分合意與敵意併購而一律延長審查期間

針對公平會的結合審查期間，本次修正將公平交易法第11條第7項及第8項的審查期間計算方式由「日曆日」變更爲「工作日」，因此目前的一般審查期間變更爲自公平會受理完整申報資料之日起30個工作日，延長的審查期間亦增長爲60個工作日，亦即結合申報的總審查期間最久可能爲自公平會受理完整申報資料之日起90個工作日。依據本次公平交易法修法理由，修法前的30個日曆日讓敵意併購方在審查上出現可操作的漏洞，例如105年的2月份除了春節的9天連續假期外，更有228紀念日的3天假期，若以30個日曆日計算，扣除9天及3天假期，公平會的實際審查時間僅剩16天，大幅縮短了公平會的實際審查期間，使其可能在倉促之中作出錯誤的評斷，故有必要填補此可利用的法律漏洞。惟本次審查期間的延長並未就敵意或合意併購作區分，一律

延長審查期間，若與修法前的90個日曆天相較，新法下的審查期間可能較先前延長約一個半月之久。如此立法，對於參與結合事業均已形成併購共識、申報資訊完整的合意併購而言，將被迫拉長交易安排時程，恐有礙合意併購的順暢進行。

3. 就結合審查新增外界及學術研究機構的意見徵詢

　　本次公平交易法第11條的修正新增了第10項前段規定：「主管機關就事業結合之申報，得徵詢外界意見，必要時得委請學術研究機構提供產業經濟分析意見。……」，且此規定的新增並非僅適用於敵意併購的結合審查。

　　然而，實務上，就徵詢外界意見部分，在本項新增之前，公平會即已就受理的結合申報案對外徵詢意見，在其官網上開設結合申報案件對外徵詢意見區（網址：https://www.ftc.gov.tw/internet/main/forum/forumList.aspx?forum_web_place=1），給予公眾一週的時間得對結合案件發表意見作為公平會審理案件的綜合參考，公平會對這些意見皆採中立原則，不會作任何答覆或說明，故本次修法應是賦予此實務運作法源依據使之明文化；另就委請學術研究機構提供產業經濟分析意見部分，本次修法理由中提及，當敵意併購發生時，經濟部須對產業結合的影響進行各類評估，也應讓行政機關有時間進行經濟分析、產業分析，故在延長審查期間的同時，亦應使公平會得以委請學術研究機構提供產業經濟分析意見，以就結合案進行更完善、全面的分析，降低審

查失誤的機率。

4. 就敵意併購的結合審查新增目標公司的資料提供及意見徵詢

本次修正亦新增了公平交易法第11條第10項後段規定：「……但參與結合事業之一方不同意結合者，主管機關應提供申報結合事業之申報事由予該事業，並徵詢其意見」，此項規定的新增在本次修法理由中提及，是為了讓敵意併購中被併購者能有答辯與防禦的機會，避免修法前完全由發起敵意併購方主導結合審查的弊端，保障被併購方有得知併購相關資訊及表達意見的權利，將發起併購方提交公平會的資料提供予被併購方，此避免了修法前目標公司無從得知對方提供的資料，而無從進行攻擊防禦的窘境，亦可避免公平會在結合案件中僅得到發起併購方一方的片面資料，使其能更妥善的進行審查。

（二）新法修正的影響

本次公平交易法的修正除了第11條第10項後段的新增規定僅適用於敵意併購外，其餘修正並不限於敵意併購，而將同步影響合意併購，故在併購交易的安排中，日後對此次修法皆需特別注意。

1. 目標公司得有較多參與結合審查及防禦的機會

本次公平交易法的修正要求公平會應將發起併購方所提出的申報資料提供給目標公司，並應徵詢其意見，賦予了目標公司參

與結合審查的機會，使其能利用結合審查對敵意併購交易進行防禦，而更加保護目標公司權益，然日後在敵意併購中，雙方亦可能在公平會的結合審查另闢反制與反反制的新戰場，而尚待進一步的實務觀察[13]。

2. 公平會的審查期間延長

此次公平交易法的修法不論敵意併購或合意併購中的結合審查，皆一律將審查期間延長為至多90個工作日，此與原先的審查期間相較之下，可能多出一個半月左右的時間，對日後的併購交易影響極大，故於未來交易時程的規劃上需特別注意，以避免耽誤交易安排。

3. 公平會得以多方徵詢各方專家意見

日後公平會得視結合案件的審查需要，委請學術研究機構提供產業、經濟分析意見，使公平會得有更多的產業、經濟資料作為依據及後盾，避免在審查程序出現判斷或分析錯誤等失誤。

四、結論及建議

本次修法將敵意併購正式納入我國公平交易法的明文規範中，改變我國目前結合申報制度，其中最值得注意的應屬延長審

---

[13] 於本次公平交易法修正前，被併購的一方須透過閱卷方式始能取得併購方的結合申報書，其中申報內容多有被隱匿、遮蔽或不完整的情況，將影響被併購方之防禦權，請參考陳泳丞，併購法規不公 被併購方身處弱勢，工商時報，2016年3月16日，參考網址為http://www.chinatimes.com/newspapers/20160316000136-260204（最後瀏覽日：2017/10/2）。

查期間一事。就敵意併購中常見的公開收購類型而言，「公開收購公開發行公司有價證券管理辦法」於105年修正了第18條，將公開收購的延長期間由30日延長為50日，使得公開收購期間最長可為100日，其修法理由即言明係考量須經經濟部投資審議委員會（下稱「投審會」）或公平會核准或申報生效的公開收購案件，而將公開收購期間酌以延長；另就須取得投審會核准的案件而言，外國人投資條例第8條規定的核定期間最長為兩個月，而就本文所提及的修正後結合審查期間最長則為90個工作日，故雖然相關法制對主管機關審查併購案件的期限現行已有互相拉近的趨勢，惟各法所規範的審查期間仍存在齟齬。為完善併購交易的完成，建議未來的併購交易應適時借重專業顧問妥善規劃交易時程，以避免發生如日月光併購矽品一案中，公開收購期間先行屆至而導致無法順利取得結合許可的情況。

12 這樣做，夠不夠？——談營業秘密法上的「合理保密措施」

朱漢寶 / 姜萍 / 李冠璋

一、前言

作為一個自然資源稀少的島國，「腦力」是台灣在全球化時代與世界各國拚搏、掙得一席之地的最大本錢，不斷創新及累積的專業知識及技術，也成就了台灣高科技產業多年的榮景。然而隨著電腦及網路科技的進步，資訊流通與擷取變得更加便捷快速，資訊外洩的風險也隨之水漲船高。如何保護關鍵性的專業知識及技術不被競爭對手竊取，不僅關乎企業的成長與永續經營，同時也攸關國家整體產業的領先優勢及競爭力。

除了科技業以外，其他產業或多或少也有各自的不宣之密，例如食材配方、客戶資料、特殊技術等，此等資訊落差既然是企業勝過競爭者的關鍵，具有經濟價值，企業當然會想方設法加以保護不受侵害，而所採取的措施主要是對於員工行為的拘束，例如員工進出管制、簽訂保密協議、以競業禁止條款加以約束等。然而，如果對於值得保護之秘密過於浮濫認定，反將使得受僱者

動輒得咎，有害於其工作權保障。因此，站在法律的觀點，有必要平衡保障企業的利益及受僱者的權益。簡言之，什麼是值得保護的營業秘密，並非企業單方面說了算，必須符合法律所規範的要件，才能享有法律所賦予的保障。

依據營業秘密法第2條規定：「本法所稱營業秘密，係指方法、技術、製程、配方、程式、設計或其他可用於生產、銷售或經營之資訊，而符合左列要件者：一、非一般涉及該類資訊之人所知者。二、因其秘密性而具有實際或潛在之經濟價值者。三、所有人已採取合理之保密措施者。」故必須是可用於生產、銷售或經營的資訊，且符合「秘密性」、「經濟性」以及「採取合理保密措施」三大要件，始為營業秘密法以及相關規範保障的營業秘密。

然而上開要件相當抽象，並不容易望文生義而推導出明確的結論，必須透過企業與司法實務的操作與累積，始能持續形塑出營業秘密要件的輪廓與內涵。對此，本文以下將先簡要介紹營業秘密法的重要規定，以及營業秘密各要件的內涵，並將側重於「合理之保密措施」此一要件，彙整法院相關實務判決，探討對營業秘密的保護措施，究竟要怎樣作才算「合理」，而能受到法律的保障，以供企業作為規劃及採取具體保密措施時之參考。

二、營業秘密法與營業秘密

（一）營業秘密法概述

在營業秘密法制定以前，有關營業秘密的保護，須訴諸於民法一般侵權行為民事損害賠償責任之規定，或是以刑法背信或洩漏工商秘密等罪之刑事責任相繩。刑法第317條即規定：「依法令或契約有守因業務知悉或持有工商秘密之義務，而無故洩漏之者，處一年以下有期徒刑、拘役或一千元以下罰金。」惟本條規定就「工商秘密」的內涵未有進一步闡述，且所規制之行為態樣亦僅限於無故洩漏知悉或持有之工商秘密。

迨至民國80年2月4日公平交易法施行，於該法第19條將「以脅迫、利誘或其他不正當方法，獲取他事業之產銷機密、交易相對人資料或其他有關技術秘密之行為」，列為事業妨礙公平競爭的行為態樣之一，以防止不正競爭之角度切入，規制不當獲取其他事業秘密之行為，使營業秘密之保護邁入了一個新的里程碑[1]。

直到營業秘密法於民國85年1月17日頒布，正式以專法的方式落實對營業秘密的保護，有關營業秘密的定義，及侵害營業秘密行為的態樣等，亦有了更為完備及明確的規範。惟本法一開始僅設有民事損害賠償責任之規定，如侵害營業秘密之行為同時構

---

[1]　曾勝珍（2016），案例式營業秘密法，一版，頁10，台北：新學林。

成刑法上之背信或洩漏工商秘密等罪時，則另追究各該罪名的刑事責任。迄102年1月30日本法修正公布時，始增訂第13條之1至第13條之4有關刑事責任的規定。

關於侵害營業秘密的民事責任，現行營業秘密法第10條第1項定有五款侵害營業秘密的行為態樣，包括以不正當方法取得營業秘密，以及知悉或因重大過失不知為營業秘密，而取得、使用或洩漏等[2]。營業秘密受侵害或有受侵害之虞時，被害人得請求排除或防止之[3]；而侵害他人營業秘密之人，則須負民事損害賠償責任[4]，且如為故意侵害營業秘密，法院得因被害人之聲請，酌定損害額三倍以下之懲罰性賠償[5]。

刑事責任部分，營業秘密法第13條之1第1項定有四款不法之行為態樣，包括以不正方法取得營業秘密，或未經授權而重製、使用或洩漏營業秘密等[6]，可處五年以下有期徒刑或拘役，

---

[2] 營業秘密法第10條：「有左列情形之一者，為侵害營業秘密。一、以不正當方法取得營業秘密者。二、知悉或因重大過失而不知其為前款之營業秘密，而取得、使用或洩漏者。三、取得營業秘密後，知悉或因重大過失而不知其為第一款之營業秘密，而使用或洩漏者。四、因法律行為取得營業秘密，而以不正當方法使用或洩漏者。五、依法令有守營業秘密之義務，而使用或無故洩漏者。前項所稱之不正當方法，係指竊盜、詐欺、脅迫、賄賂、擅自重製、違反保密義務、引誘他人違反其保密義務或其他類似方法。」

[3] 營業秘密法第11條第1項：「營業秘密受侵害時，被害人得請求排除之，有侵害之虞者，得請求防止之。」

[4] 營業秘密法第12條第1項：「因故意或過失不法侵害他人之營業秘密者，負損害賠償責任。數人共同不法侵害者，連帶負賠償責任。」

[5] 營業秘密法第13條第2項：「依前項規定，侵害行為如屬故意，法院得因被害人之請求，依侵害情節，酌定損害額以上之賠償。但不得超過已證明損害額之三倍。」

[6] 營業秘密法第13條之1第1項：「意圖為自己或第三人不法之利益，或損害營業秘密所有人之利益，而有下列情形之一，處五年以下有期徒刑或拘役，得併科新臺

得併科新臺幣100萬元以上1,000萬元以下罰金。如果是意圖在外國（含中國大陸、港澳地區）使用營業秘密而犯罪，刑度更加重為一年以上十年以下有期徒刑，得併科新臺幣300萬元以上5,000萬元以下之罰金[7]。如犯罪人所得利益超過法定罰金數額之上限，課處罰金時亦可酌量加重。另外，如果是法人的代表人或員工犯營業秘密法之罪，該法人亦將被科以罰金之刑責[8]。

（二）營業秘密的要件

承前所述，營業秘密法所保護之營業秘密，必須是可用於生產、銷售或經營之資訊，且符合「秘密性」、「經濟性」以及「採取合理保密措施」三大要件。臺灣高等法院判決就上開要件進一步闡釋指出：「**所謂營業秘密乃指凡未經公開或非普遍為涉及該類資訊者所共知之知識或技術，且事業所有人對該秘密有保密之意思，及事業由於持有該項營業秘密，致較競爭者具備更強**

幣一百萬元以上一千萬元以下罰金：一、以竊取、侵占、詐術、脅迫、擅自重製或其他不正方法而取得營業秘密，或取得後進而使用、洩漏者。二、知悉或持有營業秘密，未經授權或逾越授權範圍而重製、使用或洩漏該營業秘密者。三、持有營業秘密，經營業秘密所有人告知應刪除、銷毀後，不為刪除、銷毀或隱匿該營業秘密者。四、明知他人知悉或持有之營業秘密有前三款所定情形，而取得、使用或洩漏者。」

[7] 營業秘密法第13條之2第1項：「意圖在外國、大陸地區、香港或澳門使用，而犯前條第一項各款之罪者，處一年以上十年以下有期徒刑，得併科新臺幣三百萬元以上五千萬元以下之罰金。」

[8] 營業秘密法第13條之4：「法人之代表人、法人或自然人之代理人、受雇人或其他從業人員，因執行業務，犯第十三條之一、第十三條之二之罪者，除依該條規定處罰其行為人外，對該法人或自然人亦科該條之罰金。但法人之代表人或自然人對於犯罪之發生，已盡力為防止行為者，不在此限。」

之**競爭能力，而具有實際或潛在經濟價值**，其範圍涵蓋方法、技術、製程、配方、程式、模型、資訊編纂、產品設計或結構之資訊或其他可用於生產、銷售或經營之資訊，均屬營業秘密法所定營業秘密之範疇。」[9]可資參照。

營業秘密在性質上可概分為「商業性營業秘密」及「技術性營業秘密」二大類型，前者例如企業的客戶名單、經銷據點、商品售價、進貨成本、交易底價、人事管理、成本分析等與企業經營相關之資訊，後者則係指與特定產業研發或創新技術有關之資訊，包括方法、技術、製程及配方等[10]。惟此只是基於其性質而為之**概念區分**，特定資訊是否構成營業秘密，仍要依是否符合「秘密性」、「經濟性」及「已採取合理之保密措施」之要件而加以判斷。

另外，在判斷是否符合營業秘密要件時，最高法院亦指出，必須參酌營業秘密法第1條：「為保障營業秘密，維護產業倫理與競爭秩序，調和社會公共利益，特制定本法。」所揭櫫的立法意旨，例如有關「商品交易價格資訊」是否為營業秘密之判斷，考量到市場上的商品交易價格並非一成不變，且價格的決定與成本、利潤等經營策略有關，如果將此等價格資訊貿然納入營業秘密的保護範圍，可能反而有害於自由競爭的市場機制，不利於消費者的權益；因此，為調和公共利益，除非有利用競爭對手

---

9 臺灣高等法院106年度上字第327號民事判決。
10 智慧財產法院104年度民營訴字第1號民事判決。

之報價爲基礎而進行低價搶單等違反產業倫理或競爭秩序之特殊情事，否則不能遽認商品交易價格資訊具有經濟價值而屬營業秘密[11]。

至於「秘密性」、「經濟性」及「已採取合理之保密措施」等營業秘密三大要件之內涵爲何，以下將分別簡要說明。

1. 秘密性

營業秘密要件中之「秘密性」，又可稱爲「非周知性」[12]。既然稱作「營業秘密」，則該資訊本質上當然必須是一項秘密資訊；如果是已經公開周知或是可經由其他方式查詢而得的資訊，本質上即不是秘密，就算該等資訊具有經濟價值，甚至對該資訊賦予相當之保密措施，此等資訊亦不會因此就變成營業秘密。

然而，資訊之秘密與否，往往是相對的概念；一件只有一個人知道的事情可認爲是秘密，一件所有人或多數人都知道的事情則不是秘密，但很難在當中劃定一條界線，以法律規定有超過多少人知悉的資訊就不算秘密。對此，營業秘密法第2條第1款試著將這條線劃在「非一般涉及該類資訊之人所知」的範圍。

何謂「一般涉及該類資訊之人」呢？考量到企業保護營業秘密的最根本目的，在於避免競爭對手不當取得該營業秘密，致使企業喪失競爭優勢，因此我們或許可以將「一般涉及該類資訊

---

[11] 最高法院99年台上字第2425號民事判決。
[12] 臺灣高等法院106年度上字第327號民事判決。

之人」大略理解爲「同業或從事相關行業之人」[13]；如果一項資訊並非眾所周知，但卻是從事該行業或相關行業的人均能知悉，那麼也就沒有將其當作營業秘密加以保護的必要。例如智慧財產法院104年度民營訴字第1號民事判決：「本件原告所主張之產品名稱『漢方養生鱘龍魚湯』製程配方，應屬『技術性營業秘密』，惟該等資訊是否有秘密性而爲原告所獨有，仍**須由原告舉證證明該等資訊並非涉及其他同業所知悉者，始足當之。**……參諸原告提出之『昭信標準檢驗股份有限公司』檢驗結果報告書內容，均係『漢方養生鱘龍魚湯』之營養成分及塑化劑、農藥殘留等檢驗結果，**此等成分應爲一般食品業者所知悉**，且證人林○○並強調『漢方養生鱘龍魚湯』爲『食品』，準此，**對食品相關行業人而言，由客製化產品之規格當能輕易理解並予以實施**，是以該『漢方養生鱘龍魚湯』製程配方內容實不具營業秘密之秘密性。」可供參考。

除此之外，某些法院判決則將「一般涉及該類資訊之人」此一要件，解釋爲物理上得以接近此等資訊之人，例如同公司的員工；要言之，一項資訊如果是整間公司上至董事長下至掃地阿姨都知道的資訊，那麼就不具備秘密性。例如智慧財產法院103年度民營訴字第3號判決認爲：「此等情報資訊均係被告任職無線通訊事業一部及董事長暨總經理室特別助理時所知悉並取得，非

---

[13] 曾勝珍，前揭註1，頁23。

原告之一般員工以及外人所得知悉，堪認原告之營業秘密非一般涉及該類資訊之人所知，具有秘密性」。

實務上比較常見的問題是，客戶名單或資料算不算是營業秘密？對此，最高法院判決指出，**如果是經過投注相當之人力、財力，並經過篩選、整理及分析而成之資訊，且非可自其他公開領域取得者，例如個別客戶之個人風格、消費偏好等，即可能具備秘密性及經濟價值；但如果僅是單純的客戶聯絡資料，一般人均可由工商名冊或客戶網站任意取得，就不具備秘密性**[14]。

2. 經濟性

營業秘密之所以值得保護，必然是著眼於其經濟價值，如不具經濟價值的資訊，即無賦予營業秘密法上保障之必要。營業秘密的經濟價值，在於使保有營業秘密之企業，得以透過資訊的落差，在商場上搶得先機，因此營業秘密的經濟性也與其秘密性密不可分。營業秘密法第2條第2款規定，營業秘密必須為「因其秘密性而具有實際或潛在之經濟價值者。」即本此旨。

一般而言，只要是可用於生產、銷售或經營的資訊，例如企業獨有的食品配方或生產技術等，因其秘密性而使得保有該資訊的企業享有競爭上優勢，即可認為具有經濟價值。且該等資訊不以已經實際使用於生產、銷售或經營，而有實際之經濟價值為限，只要將來可能使用該等資訊，而具有潛在之經濟價值，亦足

---

[14] 最高法院99年度台上字第2425號、104年度台上字第1654號民事判決。

當之。

不過，有關前面提到的客戶名單，如果只是單純的客戶聯絡方式資料，因為其他同業也可以透過工商名冊或網路等方式查詢得知並加以接觸，故法院見解認為，此等資訊不但不具備秘密性，甚至亦無法表彰經濟價值[15]。另外，隨著產品的推陳出新，公司針對舊型產品所彙整的銷售資訊，對將來新產品的銷售策略未必能發揮功能，此等過時之資訊亦可能會被法院認定為不具經濟價值[16]。

3. 已採取合理之保密措施

即使是具有秘密性及經濟價值的重要資訊，但如果擁有該資訊之人沒有積極採取保護措施，則法律也就沒有特別賦予保障的必要。況且，對於不明究裡的其他人而言，在該資訊缺乏保密措施的情況下，可能會因為不知道該等資訊為應受保護的秘密資訊，而加以洩漏或使用。因此營業秘密法第2條第3款要求營業秘密的所有人必須採取合理的保密措施，也寓有調和營業秘密所有人之權益與其他人之利益，避免他人動輒得咎之目的。

對於「合理保密措施」的內涵，智慧財產法院在判決中指出：「營業秘密法**所謂合理保密措施，係指營業秘密之所有人主觀上有保護之意願，且客觀上有保密的積極作為，使人了解其有**

---

[15] 最高法院99年度台上字第2425號、104年度台上字第1654號民事判決、智慧財產法院105年度民營上易字第1號民事判決。
[16] 臺灣高等法院104年度勞上字第82號民事判決。

將該資訊當成秘密加以保守之意思，例如：將資訊依業務需要分類分級而由不同授權職務等級者知悉、對接觸該營業秘密者加以管制、於文件上標明『機密』或『限閱』等註記、對營業秘密之資料予以上鎖、設定密碼、作好保全措施（如限制訪客接近存放機密處所）等，又是否採取合理之保密措施，不以有簽署保密協議為必要，若營業秘密之所有人客觀上已為一定之行為，使人了解其有將該資訊作為營業秘密保護之意，並將該資訊以不易被任意接觸之方式予以控管，即足當之。」[17]

　　簡言之，所謂合理保密措施，必須營業秘密之所有人在主觀上有就營業秘密加以保護的意思，且客觀上也要使他人了解該資訊是受到保護的秘密資訊。而保密措施不一定非簽署保密協議不可，只要所有人採取的行為可以達到保護該資訊的效果，同時能讓其他人了解該資訊是受保護的秘密資訊，也能算是合理的保密措施。

三、怎樣的保密措施才算「合理」？

　　前面已說明營業秘密法第2條第3款「合理之保密措施」的法律要件，然而在具體情形中，究竟要採取怎樣的保密措施才算合理？透過案例中法院的判決見解，我們可以歸納出法院在判斷營業秘密所有人是否已採取合理保密措施時，可能斟酌的事項及

---

[17] 智慧財產法院104年度民營上字第2號民事判決。

所採納的標準為何；同時，我們也可透過案例，歸納出哪些情形會令法院認為所有人的保密措施尚不足夠，日後得以在採取保密措施時預先就這些情事加以防免。

　　以下本文即從相關法院判決中，歸納出幾項原則，以供讀者作為採取保密措施時之參考。

（一）保密措施未必要滴水不漏

　　企業採取保密措施，無論是擬定及簽署保密協議、建置專屬放置機密文件的電腦設備或場所、對進出人員採取管制措施、設置專職資安人員、就各種秘密資訊之傳遞及取用擬定標準作業流程等，都必須付出相當的成本，同時也會對企業運作造成一定的不便。因此，企業在採取保密措施時，勢必要先衡量營業秘密的重要性、外洩的風險以及建置保密措施的成本等事項，就不同的營業秘密分別採取適合的保密措施。強令企業就所有營業秘密均須採取最高等級之防範作為，不僅窒礙難行，也毫無意義。

　　對此，臺灣高等法院判決指出：「是否屬合理之保密措施，並無一定之要件，**應視營業秘密之種類、事業實際經營情形，依社會一般通念判斷，尚無須達滴水不漏或銅牆鐵壁之保密程度，只須依實際情況盡合理努力，使他人客觀上足資認為係屬秘密即足當之。**」[18]智慧財產法院判決亦指出：「『所有人已採取合理之

---

[18]　臺灣高等法院106年度上字第327號民事判決。

保密措施』，應係指所有人**按其人力、財力，依社會通常所可能之方法或技術，將不被公眾知悉之情報資訊，依業務需要分類、分級而由不同之授權職務等級者知悉而言**」。[19]因此，不是所有營業秘密都需要做到滴水不漏的保護，而是根據事業的規模、人力、財力及營業秘密之種類等，分別作成適當的保護措施。

（二）所保護的營業秘密須可特定

在採取保密措施之前，營業秘密之所有人必須要先特定所保護的營業秘密項目為何，再根據其內容及性質採取適當之保密措施。就此，營業秘密的所有人負有舉證責任，臺灣高等法院判決即指出：「上訴人雖主張被上訴人因身居其餐飲事業群之要職，對內對於其餐飲事業之營運方式及內容諸如餐廳內部動線、人員配置、原物料來源及產品配方技術等營業上機密瞭如指掌，對外代表其與各工程廠商、食品上游廠商簽訂承攬及買賣契約，並因參與議價過程而獲取其相關之營業機密云云，然上訴人並未舉**證證明其何種營運方式、何項餐廳內部動線、人員配置、原物料來源、產品配方技術抑或何份契約係屬營業秘密，且因其秘密性而具有實際或潛在之經濟價值，復未證明其已採取合理之保密措施，尚難認被上訴人因擔任之職位或職務，而能接觸或使用上訴人之營業秘密。**」[20]

19 智慧財產法院105年度民營訴字第8號民事判決。
20 臺灣高等法院106年度上字第327號民事判決。

另外，營業秘密所有人所採取的保密措施，須與特定的營業秘密相連結，讓可能接觸此等營業秘密的人明確知悉該資訊係營業秘密，且受到營業秘密所有人之保護，而不能只是空泛要求相關人員負保密義務。例如企業縱使與員工簽署技術保密協議，但也要讓員工知悉哪些資訊是屬於該保密協議中應保密的技術，否則單憑一紙保密協議，仍無法認定企業已採取了合理的保密措施[21]。

（三）保密措施要足以讓人知悉

如前所述，合理保密措施不僅要能夠展現營業秘密所有人主觀上具有保護營業秘密之意，且客觀上要能使他人了解該等資訊已經納入保密措施之範疇，否則易使他人在不知情的情況下不小心接觸或洩漏營業秘密，衍生不必要的訴訟糾紛。若是營業秘密所有人主觀上有保護該等資訊之意願，然客觀上未採取具體措施而未能讓他人了解該等資訊係受保護的營業秘密，仍不能認為已採取合理之保密措施。

對此，智慧財產法院判決指出：「原告交付或以EMAIL方式寄交被告林○○、林○○二人系爭營業秘密，……**並未於該等文件或電子檔案內標示或註明『機密』、『限閱』或於電子郵件『加密』，或為其他足以讓人知悉其所交付者為營業秘密之舉**

---

[21] 智慧財產法院104年度民營上字第2號民事判決。

措，原告客觀上並未有保密的積極作為」[22]、「原告方面就此僅強調『……此一系爭製程配方唯有保存於原告公司負責人黃○○個人筆記型電腦之檔案內，該筆記型電腦僅原告公司負責人一人擁有開機密碼，原告公司之其他員工則無法接觸』等語，……惟此雖足以表明原告負責人主觀上有保護該等資訊之意願，**客觀上因未能讓人了解原告將其主張之產品名稱『漢方養生鱘龍魚湯』製程配方置入該電腦程式保存，並不足以認有保密的積極作為，使人了解其有將該資訊當成秘密加以保守之意思**」[23]，可資參照。

（四）按照營業秘密之性質及業務需要分類／分級管理

　　營業秘密既然要維持其秘密性，理論上當然是越少人知道越好，因此企業就營業秘密之保護，應依據營業秘密的性質、內容、機密等級，以及業務上之實際需要等，予以分類或分級管理，亦即僅能由特定部門或層級之人取得權限，加以接觸或使用。最高法院判決指出：「營業秘密法第二條第三款規定『**所有人已採取合理之保密措施**』，應係指所有人按其人力、財力，依社會通常所可能之方法或技術，將不被公眾知悉之情報資訊，依業務需要分類、分級而由不同之授權職務等級者知悉而言；此於電腦資訊之保護，就使用者每設有授權帳號、密碼等管制措施，

---

[22] 智慧財產法院105年度民營訴字第8號民事判決。
[23] 智慧財產法院104年度民營訴字第1號民事判決。

尤屬常見。」[24]

反之，如果一項資訊雖然標示爲機密，但相關的保存及取得過程沒有管制措施，例如：上鎖、彌封或設定密碼，公司一般人員未分層級均可輕易取得，那麼這項資訊外洩的風險也將隨之增高，在此情況下，即使這項資訊對於公司極爲重要、即使公司與員工簽訂有保密協議，仍難以認爲此項資訊已經由所有人採取合理保密措施，而屬於營業秘密。

例如最高法院判決即指出：「**該等資料係位於共享區，並未設定授權帳號、密碼，亦未區分職級，未有相當分類分級之管制措施，相關部門之行政人員均可任意進入自由閱覽，難認上訴人已採取合理之保密措施。**」[25]智慧財產法院判決亦指出：「**上訴人檢查員工電腦僅可證明上訴人有進行稽查，但對於本件系爭資訊，上訴人是否有依職務層級區別得接觸之人、對於系爭資訊是否有設定密碼避免該等資訊遭他人任意接觸等等，亦未見上訴人舉證。以上由上訴人上開所稱，實難證明上訴人對本件系爭資訊已採取合理之保密措施。**」[26]

（五）避免漫不經心洩漏營業秘密之行爲

保密措施的執行在於「人」，因此即便企業對營業秘密採取

---

[24] 最高法院102年度台上字第235號民事判決。
[25] 最高法院104年度台上字第1654號民事判決。
[26] 智慧財產法院104年度民營上字第2號民事判決。

再多的保護措施，但如果相關措施及人員訓練未能真正落實，導致營業秘密因某些輕忽的行為而暴露在外洩的風險當中，則不免會令人質疑企業對營業秘密保護的決心及合理性，相對地也會削弱企業在相關爭議中主張某項資訊為營業秘密的正當性。

例如臺灣高等法院判決所示之案例：「**被上訴人於上訴人離職時，未為任何檢視、刪除相關機密檔案之動作，即將原配發予上訴人工作上使用之筆記型電腦贈與上訴人，此經被上訴人於刑案偵查中自承在卷，證人即被上訴人資訊部協理鄭○○亦證實因被上訴人總經理表示要贈送該筆記型電腦予上訴人，故其於上訴人離職時並未看過電腦，即簽署離職單等情，足見被上訴人並未對於所稱上訴人藉由筆記型電腦登入系統內查閱之相關資料，採取合理之保密措施**」[27]，以及智慧財產法院判決所示之案例：「上訴人自陳係將之『傳真』予被上訴人二公司之共同營養師鄭○○、林○○，雖記載傳真接收人為『○○』、『○○』，然該**傳真接收端所在之不特定人員皆可任意獲悉或取得**，且此二人與上訴人並未簽署任何保密協定，亦未見上訴人指明有何法律上保密義務，是上訴人就上證16之資訊**並無分類、分級之群組管制措施，未採取交由特定人保管、限制相關人員取得、告知承辦人員保密之內容及保密方法等之合理保密措施**」[28]，都會使得應保密

27 臺灣高等法院104年度重勞上字第50號民事判決。
28 智慧財產法院102年度民營上字第4號民事判決。此判決雖嗣經上訴審即最高法院以106年度台上字第350號民事判決撤銷發回更審，惟所揭示的原則仍足供讀者參考。

的資訊暴露在外洩的風險當中，致使先前之保密措施功虧一簣，不可不慎。

四、結論

　　營業秘密之保護是企業的重要課題，如何才算是已善盡對營業秘密的合理保密措施，亦是實務上許多企業經營者所關心的問題。對此，企業經營者應了解營業秘密法之相關規定，同時更應持續審視企業內部對營業秘密所採取的保護措施，是否符於法律的要求，並適時地調整以因應實際需求。

　　本文透過上述法院判決之彙整，就營業秘密法第2條第3款所定「合理保密措施」之要件，歸納出幾項重點，以供讀者參考。惟每個具體個案的背景事實均不相同，判斷標準也未必完全一致。為使營業秘密保護措施可以達到最大的效益，並能在營業秘密遭侵害時有效透過司法程序維護權益，企業經營者在擬定營業秘密保護之方針、措施，或者是面臨營業秘密相關爭議或訴訟時，仍宜諮詢律師或資安顧問等專業人員。

第五篇

智慧產權

13「關鍵字廣告」有關商標使用之爭議

13 「關鍵字廣告」有關商標 使用之爭議

楊晉佳／林盈瑩

一、前言

稱「關鍵字廣告」者，係運用網路搜尋引擎之特性，由廣告主之事業向搜尋引擎平台業者購買並設定關鍵字，在網路使用者輸入該特定關鍵字以搜尋需要的資訊時，廣告主的網址或廣告連結將被置於網路使用者搜尋結果頁面的特定位置[1]。隨網路普及與電子商務快速發展，事業於網站刊載商品或服務資訊，吸引消費者瀏覽，進而招徠交易，已為現今事業爭取交易機會之重要方式；而網路使用者於尋找特定事業或其商品或服務資訊時，藉由搜尋引擎網站鍵入關鍵字以尋找目標網站，已為常見之資訊取得方式，事業藉由購買關鍵字廣告增加商品或服務曝光率，亦為習見之行銷行態。

惟事業所購買之關鍵字，倘係他事業之商標，致消費者鍵入該特定關鍵字，經由搜尋引擎網站搜尋結果，其事業之網頁廣

---

[1] 參智慧財產法院101年民商訴字第24號判決。

告內容及連結網址卻出現於搜尋結果頁面，增加消費者點選並進入其網站之機會；或係以他事業之商標作為自身廣告，藉以吸引不知情之消費者瀏覽點入，以增加自己網站流量或曝光率，推展自己之商品或服務，此一行為是否構成商標使用？有否使消費者混淆誤認之虞而侵害該商標？實為事業於數位時代行銷其商品服務，爭取消費者注意時所應注意之問題。本文擬由我國商標主管機關之見解暨智慧財產法院相關判決出發，分析、探討實務就前揭問題之看法，供各界參考。

二、實務見解認為商標侵權行為須有商標之使用，並足以使消費者認識該商標

商標之使用，依現行商標法[2]第5條規定，指「為行銷之目的，而有下列情形之一，並足以使相關消費者認識其為商標：一、將商標用於商品或其包裝容器。二、持有、陳列、販賣、輸出或輸入前款之商品。三、將商標用於與提供服務有關之物品。四、將商標用於與商品或服務有關之商業文書或廣告。前項各款情形，以數位影音、電子媒體、網路或其他媒介物方式為之者，亦同」。其目的在於規範具有商業性質之使用商標行為[3]。

2　即105年11月30日修正，自同年12月15日施行之商標法，以下同。
3　該條規定於100年6月29日修正，修正理由為：一、條次變更，本條為原條文第6條移列。二、商標之使用，可區分為商標權人為維持其權利所為之使用及他人侵害商標權之使用兩種樣態，二者之規範目的雖有不同，惟實質內涵皆應就交易過程中，其使用是否足以使消費者認識該商標加以判斷，爰明定於總則，以資適用。三、本條之目的在於規範具有商業性質之使用商標行為。所謂「行銷之

依該條規定，「商標之使用」須滿足三要件：1.主觀要件
——使用人係基於行銷商品或服務之目的而使用；2.客觀要件
——需有使用商標之積極行為，及3.效果——所標示者需足以使
相關消費者認識其為商標等要件。

目的」，與貿易有關之智慧財產權協定（Agreement on Trade-Related Aspects of
Intellectual Property Rights, TRIPS Agreement）第16條第1項所稱交易過程（in the
course of trade）之概念類似。原條文僅以概括條文方式定義商標之使用，其內涵
未臻清楚，爰參考日本商標法第二條之立法形式，酌作修正，列為第1項，並分
款明定商標使用之情形：（一）第1款係指將商標用於商品或其包裝容器上。所
謂將商標用於商品，例如將附有商標之領標、吊牌等，縫製、吊掛或黏貼於商品
上之行為；而所謂將商標用於包裝容器，則係因商業習慣上亦有將商標直接貼附
於商品之包裝容器者，或因商品之性質，商標無法直接標示或附著在商品上（例
如液態或氣體商品），而將商標用於已經盛裝該等商品之包裝容器。該等已與商
品結合之包裝容器，能立即滿足消費者之需求，並足以使消費者認識該商標之商
品，亦為商標使用態樣之一，此與修正條文第70條第3款所定之「物品」有所不
同，其不同處在於後者尚未與商品相結合，併予說明。（二）為行銷之目的，除
將商標直接用於商品、包裝容器外，亦包括在交易過程中，持有、陳列、販賣、
輸出或輸入已標示該商標商品之商業行為，爰於第2款明定。（三）服務為提供
無形之勞務，與商品或其包裝容器之具體實物有別，於服務上之使用，多將商標
標示於提供服務有關之物品，例如提供餐飲、旅宿服務之業者將商標製作招牌懸
掛於營業場所或印製於員工制服、名牌、菜單或餐具提供服務；提供購物服務
之百貨公司業者將商標印製於購物袋提供服務等，爰於第3款明定。又本款規定
係指商標已與服務之提供相結合之情形，例如餐廳業者已將商標示有其商標之餐
盤、餐巾擺設於餐桌上，以表彰其所提供之餐飲服務，此與修正條文第70條第3
款所定之「物品」有所不同，其不同處在於後者尚未與服務相結合，併予說明。
（四）將商標用於訂購單、產品型錄、價目表、發票、產品說明書等商業文書，
或報紙、雜誌、宣傳單、海報等廣告行為，為業者在交易過程常有促銷商品之商
業行為，應為商標使用之具體態樣之一，爰於第4款明定。四、增訂第2項，理由
如下：（一）透過數位影音、電子媒體、網路或其他媒介物方式提供商品或服務
以吸引消費者，已逐漸成為新興之交易型態，為因應此等交易型態，爰明定前項
各款情形，若性質上得以數位影音、電子媒體、網路或其他媒介物方式為之者，
亦屬商標使用之行為。（二）所稱數位影音，係指以數位訊號存錄之影像及聲
音，例如存錄於光碟中之影音資料，而可透過電腦設備，利用影像或聲音編輯軟
體編輯處理者而言；所稱電子媒體，係指電視、廣播等透過電子傳輸訊息之中介
體；所稱網路，係指利用電纜線或現成之電信通訊線路，配合網路卡或數據機，
將伺服器與各單獨電腦連接起來，在軟體運作下，達成資訊傳輸、資料共享等功
能之系統，如電子網路或網際網路等；所稱其他媒介物，泛指前述方式以外，具
有傳遞資訊、顯示影像等功能之各式媒介物。

　　非商標權人侵害商標權之使用，於商標法第5條規定修正前，有論者認為他人侵害商標權之使用與商標權人為維持其權利所為之使用，有所不同，而主張判斷他人侵害商標權不適用修正前第6條之商標使用定義規定，甚至有主張不須有商標使用僅須判斷有無使消費者混淆誤認之虞者而生爭議。惟商標法分則就商標侵權部分並未有特別規定，商標侵權仍應適用總則之規定。此觀商標法第5條之立法理由二、特別說明：「商標之使用，可區分為商標權人為維持其權利所為之使用及他人侵害商標權之使用兩種樣態，二者之規範目的雖有不同，惟實質內涵皆應就交易過程中，其使用是否足以使消費者認識該商標加以判斷，爰明定於總則，以資適用」即明。經濟部智慧財產局編印之「商標法逐條釋義」亦載明：未經商標人同意之侵害商標權的使用行為態樣，仍依商標法第5條之規定加以判定[4]。此外，同法第36條第1項第1款亦規定以符合商業交易習慣之誠實信用方法，表示自己之姓名、名稱，或其商品或服務之名稱、形狀、品質、性質、特性、用途、產地或其他有關商品或服務本身之說明，「非作為商標使用者」，不受他人商標權效力所拘束，足見依商標法之立法體例及立法意旨，不論商標權人為維持其權利所為之使用及他人侵害商標權（不包含視為侵害商標權）之使用，均須有第5條之商標使用行為[5]。

---

[4]　參經濟部智慧財產局，「商標法逐條釋義」，106年1月版，頁10。
[5]　參智慧財產法院102年度民商上字第8號民事判決。

依商標主管機關及智慧財產法院前揭見解,當商標權人以外之第三人使用商標,若其使用結果可能造成商品或服務之相關消費者混淆誤認,而無法藉由商標來正確識別商品或服務來源時,該第三人使用商標之行為即應予禁止,以避免商標識別功能遭受破壞[6]。故須是外在、有形之商標使用,才足以使相關消費者認識其為商標,進而造成表彰商品或服務之來源發生混淆誤認[7]。

三、實務見解認為商標侵權行為,須行為人有使用相同或近似商標於相同或類似商品或服務,並致相關消費者有混淆誤認之虞

現行商標法就商標侵權之保護,於第68條規定:「未經商標權人同意,為行銷目的而有下列情形之一,為侵害商標權:一、於同一商品或服務,使用相同於註冊商標之商標者。二、於類似之商品或服務,使用相同於註冊商標之商標,有致相關消費者混淆誤認之虞者。三、於同一或類似之商品或服務,使用近似於註冊商標之商標,有致相關消費者混淆誤認之虞者。」同法第70條規定:「未得商標權人同意,有下列情形之一,視為侵害商標權:一、明知為他人著名之註冊商標,而使用相同或近似之商標,有致減損該商標之識別性或信譽之虞者。二、明知為他人著名之註冊商標,而以該著名商標中之文字作為自己公司、商

---

[6] 同註4,頁15。
[7] 同註5。

號、團體、網域或其他表彰營業主體之名稱，有致相關消費者混淆誤認之虞或減損該商標之識別性或信譽之虞者。三、明知有第六十八條侵害商標權之虞，而製造、持有、陳列、販賣、輸出或輸入尚未與商品或服務結合之標籤、吊牌、包裝容器或與服務有關之物品。」

商標之功能乃在表彰所使用之商品或服務之來源，以與他人之商品或服務作區別，使相關消費者於交易選擇時不會混淆誤認，上揭第68條第1款之「以相同於他人註冊商標之商標，使用於相同之商品或服務」，立法者認為侵權者使用之商標與使用之商品或服務，與商標權人者均相同，當然會有致相關消費者混淆誤認之虞，應予禁止；至於其餘第2款之「以相同於他人註冊商標之商標，使用於類似之商品或服務」及第3款之「以近似於他人註冊商標之商標，使用於相同之商品或服務」，因在此等情形，如有其他可資判別之因素時，消費者亦有可能可作區別，而於交易選擇時不致有混淆誤認之虞，此時即不會侵害註冊商標權，故立法者於此二款再加上須「有致相關消費者混淆誤認之虞者」之要件。此外，同法第70條規定之三款情形均非使用商標於行銷之商品或服務有致相關消費者混淆誤認之虞之情形，即不符第5條所規定之商標使用，惟因其有致相關消費者混淆誤認之虞或減損該商標之識別性或信譽之虞或明知有第68條侵害商標權之虞，而會侵害商標權人之商標權益，立法政策認有加以保護之必

要，故規定擬制「視爲侵害商標權[8]」，以保護商標權[8]。

所謂混淆誤認，指二不同來源之商品或服務，若冠上相同或近似之商標，相關消費者可能會誤認二商品／服務來自同一來源（亦即同一品牌），或誤認二商標之商品／服務爲同一來源之系列商品／服務，或誤認二商標之使用人間存在關係企業、授權關係、加盟關係或其他類似關係。商標法條文將混淆誤認之虞與商標近似及商品／服務類似併列，然而真正形成商標衝突的最主要原因，也是最終的衡量標準乃在於相關消費者是否會混淆誤認。至於商標的近似及商品／服務的類似，應該是在判斷有無「混淆誤認之虞」時，其中的二個參酌因素，而條文中之所以特別提列出這二個參酌因素作爲構成要件，是因爲混淆誤認之虞的成立，這二個因素是一定要具備的[9]。

有無混淆誤認之虞，應參考之相關因素有：1.商標識別性之強弱；2.商標是否近似暨其近似之程度；3.商品／服務是否類似暨其類似之程度；4.先權利人多角化經營之情形；5.實際混淆誤認之情事；6.相關消費者對各商標熟悉之程度；7.系爭商標之申請人是否善意及8.其他混淆誤認之因素[10]。惟混淆誤認本身係一個模糊難以確定之概念，依上揭基準所示，需審酌之因素有八種之多，其注重在相關消費者於接觸二造商品或服務欲交易之際，

---

[8] 同上註。
[9] 同上註。
[10] 參101年4月20日經濟部智慧財產局修正發布「『混淆誤認之虞』審查基準」。

是否會混淆誤認，而選擇錯誤或有選擇錯誤之可能。然此須就相關消費者之反應作觀察，受觀察人主觀意見之影響很大，常因人、因時、因地、因事等因素，不同之人可能有不同之答案，使是否構成商標侵權難於客觀認定[11]。

在邏輯推理上，「有致相關消費者混淆誤認之虞」係使用相同或近似商標之結果，苟有足夠事證已證明有致相關消費者已經產生混淆誤認或有混淆誤認之虞，則反推有使用相同或近似商標於相同或類似商品或服務，才會使相關消費者認識其商標使用而致生混淆誤認之虞，是合理的。故初步判斷雖認無使用相同或近似商標於相同或類似之商品／服務，應再檢視有無明顯事證證明有致相關消費者混淆誤認之虞，如有致相關消費者混淆誤認之虞，則先前無使用相同或近似商標於相同或類似之商品／服務之判斷，可能有誤，即應重行檢視判斷是否有使用相同或近似商標於相同或類似之商品／服務。亦即「有無使用相同或近似商標於相同或類似之商品／服務」與「是否有致相關消費者混淆誤認之虞」，二者應全盤觀察相互勾稽以為判斷是否成立商標侵權行為[12]。

---

11 同註5。
12 同上註。

四、實務見解就廣告主購買關鍵字廣告服務,並將競爭事業之商標設為關鍵字之行為,是否構成商標侵權,係視情況而定

因目前我國商標法對於商標權之保護,僅有第68條之侵害商標權及第70條之視為侵害商標權規定,除此之外,尚無對商標權侵害之概括性保護規定(例如大陸商標法[13]第57條第7項規定給他人的註冊商標專用權造成其他損害),而第70條之視為侵害商標權規定本質原非符合商標使用之侵權保護規定,符合商標使用之侵權保護規定者即只有第68條。惟商標之侵權使用與維權使用,有所差異,維權使用著重於判斷商標權人有無「真實使用」註冊商標之事實,例如是否為商標權人或被授權人之使用、其實際使用者與註冊商標是否具同一性、是否使用於註冊指定的商品或服務範圍內、是否符合一般商業交易習慣等情形;侵權使用則著重於其使用是否與註冊商標構成相同或近似、商品/服務構成同一或類似、是否有致相關消費者混淆誤認之虞等因素為判斷。商標侵權行為人常會遊走法律邊緣,可能採取模糊之商標使用策略,辯稱其無使用註冊商標致相關消費者混淆誤認之虞之行為,於目前我國商標法無對商標權侵害之概括性保護規定之情況下,不宜就商標侵權之「商標使用」做過於嚴格之解釋,否則可能將使侵權人免責而廣開侵權之門,如此對商標權之保護顯屬不

---

[13] 參大陸商標法102年8月30日修正通過公告版。

周[14]。

　　惟縱採取寬鬆解釋之態度，因目前商標主管機關及智慧財產法院之見解咸認商標侵權之使用，仍應符合商標法第5條所定要件，而認其最低限度之商標使用行為，需足以使相關消費者認識其為商標，才會造成相關消費者就表彰商品或服務之來源發生混淆誤認之虞，始能構成商標侵權行為。且商標權人就所主張第三人（於關鍵字廣告之情形，商標侵權行為人可能是競爭事業或網路搜尋引擎網站）之商標侵權行為，須負舉證之責[15]，故商標權人如擬透過訴訟主張商標法所賦予之權利，於實務操作上往往遇到困難。

　　於智慧財產法院102年度民商訴字第8號侵害商標權有關財產權爭議等事件，商標權人幸福空間有限公司起訴主張美商科高國際有限公司台灣分公司於網頁搜尋引擎（即「Google」）上將其註冊商標「幸福空間」銷售予第三人之廣告主作為關鍵字廣告，企圖誤導搜尋商標權人公司特取名稱及商標「幸福空間」之消費者連結到廣告主之網站，並賺取廣告費用，造成一般消費者於Google搜尋網頁鍵入商標權人系爭商標後，竟出現其他公司、

---

[14] 同註5。

[15] 於關鍵字廣告之情形，商標權人如主張使用關鍵字廣告服務之競爭事業或提供關鍵字廣告服務之網路搜尋平台有商標法第68條各款所定之商標侵權行為者，應證明關鍵字廣告符合商標法第5條之商標使用，及第68條第1款未經商標權人同意，為行銷目的而於同一商品或服務，使用相同於註冊商標之商標者；或第2款未經商標權人同意，為行銷目的而於類似之商品或服務，使用相同於註冊商標之商標，有致相關消費者混淆誤認之虞者；或第3款於同一或類似之商品或服務，使用近似於註冊商標之商標，有致相關消費者混淆誤認之虞者之構成要件。

商號或個人之廣告，實已足令消費者混淆或誤認其他公司、商號或個人與商標權人系爭商標有特定連結之印象，誤認廣告主與商標權人間有一定之合作關係，自屬商標侵權使用，並致商標權人受有損害，故應負賠償之責。

　　該案經智慧財產法院審理後認為：「查被上訴人（按：即美商科高國際有限公司台灣分公司）轉售予廣告商販售予廣告主所為之關鍵字廣告業務，係由被上訴人將『幸福空間』文字於內部程式作指令連結，消費者於Google搜尋引擎輸入搜尋『幸福空間』關鍵字後，搜尋頁面之廣告空間即會出現選定該關鍵字之廣告主所擬定之廣告文案，因此搜尋結果之頁面中，雖搜尋欄位所鍵入之關鍵字與系爭廣告置於同一頁面，然該關鍵字係由網路使用者所鍵入，並非被上訴人或廣告主所輸入，被上訴人以搜尋結果頁面提供廣告空間予廣告主放置廣告之行為，既未積極標示任何商標，且被上訴人並未從事室內設計或裝潢等業務亦為上訴人所不爭執，被上訴人並無以系爭標表彰行銷其商品或服務之行為，且各廣告主之廣告網址文案亦無標示系爭商標文字用以表彰行銷各廣告主之商品或服務之標識，網路使用者鍵入『幸福空間』關鍵字搜尋後，見搜尋頁面之廣告欄位出現廣告，亦無從認識該廣告有何標示系爭商標之意，而被上訴人將『幸福空間』文字於內部程式作指令連結係屬內部無形之使用，並非為外在有形之使用，均不足以使相關消費者認識其為商標，並不符合上揭商標使用之三要件及商標法第68條第1款『為行銷目的而於同一商

品或服務，使用相同於註冊商標之商標』、第2款『為行銷目的而於類似之商品或服務，使用相同於註冊商標之商標』構成要件事實」，而認Google銷售商標權人之商標予廣告主作為關鍵字廣告之行為，不構成商標侵權使用。上開見解嗣並經最高法院105年度台上字第81號民事判決予以肯認定讞。

智慧財產法院於另一案即101年度民商訴字第24號民事判決亦認為：「倘廣告主僅單純購買關鍵字廣告，並未設定使用插入關鍵字之功能，且提供之廣告文案亦無該關鍵字之用語，則其結果僅是在網路使用者輸入該特定關鍵字以搜尋需要的資訊時，廣告主的網址或廣告連結將被置於網路使用者搜尋結果頁面的特定位置而已。此時，因廣告主所設定之關鍵字並不會出現在廣告內容中，自無所謂商標使用之問題，僅有在廣告主設定使用插入關鍵字功能，或所提供之廣告文案含有該關鍵字之用語時，……方涉及該關鍵字是否為商標之使用。」

準此，依現行法院實務見解，事業將競爭對手之商標設定為關鍵字，於僅單純購買關鍵字廣告，並未設定使用插入關鍵字之功能，且提供之廣告文案亦無該關鍵字之用語時，因廣告主所設定之關鍵字並不會出現在廣告內容中，尚無所謂商標使用之問題。惟在廣告主以競爭對手之商標為關鍵字，購買使用插入關鍵字功能，或所提供之廣告文案含有該關鍵字之用語時，則將使一般消費者誤認商品服務提供者及競爭對手為同一事業集團、關係企業之同一來源，可認商品服務提供者有使用競爭對手之商標表

彰自己服務來源之意思，並以行銷其商品服務為目的，此時即構成商標之使用。

此外，網路搜尋引擎業者提供關鍵字廣告之服務，以搜尋結果頁面提供廣告空間了廣告主放置廣告之行為，因未積極標示任何商標，且該業者亦非提供商標權人註冊商標指定使用之商品或服務，則網路搜尋引擎業者即無以他人商標表彰行銷其商品或服務之行為，並不構成商標之使用。

五、本文認為廣告主以競爭事業之商標作為觸發廣告之關鍵字，縱未設定插入關鍵字功能，解釋上仍可能構成我國現行商標法第5條所定商標之使用[16]

承上，法院實務雖肯認於商標侵權使用之場合，「有無使用相同或近似商標於相同或類似之商品／服務」與「是否有致相關消費者混淆誤認之虞」，二者應全盤觀察相互勾稽以為判斷是否成立商標侵權行為。且於我國商標法尚無對商標權侵害訂立概括性保護規定之情況下，不宜就商標侵權之「商標使用」做過於嚴格之解釋，否則可能將使侵權人免責，致無法保護商標權人之權益[17]。然實際操作結果，法院實務對廣告主之事業將競爭對手之商標設定為關鍵字，於僅單純購買關鍵字廣告，並未設定使用

---

[16] 以下討論聚焦於以他人商標作為關鍵字廣告是否構成商標使用，暫無論及著名商標之情形。

[17] 同註5。

插入關鍵字之功能，且提供之廣告文案亦無該關鍵字之用語之情形，似仍因上開過程欠缺外在、有形之商標使用，而認尚不足使相關消費者認識其為商標，從而消費者亦不致對表彰商品或服務之來源發生混淆誤認之情形，最終並不構成商標侵權使用。

然考量數位時代對消費者作成消費決策之影響，並重新檢視關鍵字廣告之運作及其近年來之發展，並參考關鍵字廣告於網路搜尋引擎平台之搜尋結果頁面呈現之方式，或尚難排除「致消費者有混淆誤認之虞」之情形。而智慧財產法院既肯認於初步判斷雖認無使用相同或近似商標於相同或類似之商品／服務，應再檢視有無明顯事證證明有致相關消費者混淆誤認之虞，如有致相關消費者混淆誤認之虞，則先前無使用相同或近似商標於相同或類似之商品／服務之判斷，可能有誤，即應重行檢視判斷是否有使用相同或近似商標於相同或類似之商品／服務，且就商標侵權之「商標使用」不宜做過於嚴格之解釋，則於關鍵字廣告以他人商標作為關鍵字之情形，或者能透過解釋構成商標法第5條所定商標之使用。以下嘗試以Google線上廣告平台AdWords服務為例析述之。

依Google就其所提供「AdWords」服務之說明，廣告主購買AdWords服務，該付費廣告可能會顯示在Google搜尋結果網頁的頂端或底部，旁邊或下方則有「廣告」標籤。至於廣告的優先順序依據使用者搜尋的相關度和實用度、廣告主之出價以及一些其他因素而定。至於網路者之隨機搜尋結果（即未付費的網站連

結，內容與使用者搜尋有直接相關）則置於頂端付費廣告及底部付費廣告之間[18]。

相較傳統行銷管道，數位媒體的優勢在於可透過數據整合找到可精準溝通的受眾，以及消費者網路使用行為普及，因而帶動整體行銷預算分配版圖的改變。依台北市數位行銷經營協會（DMA）於今（106）年4月間所公布由協會統計調查的《2016年全年度台灣數位廣告量》，105年度台灣數位廣告量為258億。鑒於台灣104年整體數位廣告量約為193億，可知數位廣告整體成長率達33.69%。其中關鍵字廣告之占比為24.2%，總投資金額約新臺幣62.73億元[19]，顯然關鍵字廣告於現今多元之數位行銷管道中，確實占有一席之地。

據報導，以統計數據來說，90%的人會點擊搜尋結果第一頁的內容，其中又有33%的用戶會點擊第一條連結，因此位列搜尋引擎搜尋結果頂端將帶來最佳效益[20]，而如上開說明，這位置通常都被Google關鍵字廣告所占據。然Google目前對於關鍵字廣告的規範相對鬆散，參「Google廣告政策說明」之「Google商標政策」，於「使用商標做為關鍵字」之情形，「就算Google收到了

18 AdWords相關說明請參「廣告在Google上的顯示位置」，網址：https://support.google.com/adwords/answer/6335981。
19 參「DMA發布2016全年數位廣告量」，網址：http://www.brain.com.tw/news/articlecontent?ID=44757&sort=#QxCKSy9I。
20 參「點到假網站？不，這是關鍵字廣告在作祟」，網址：https://www.cool3c.com/article/129426。

商標申訴，也不會進行調查或設限」[21]。意即只要付費，購買競爭事業之商標、品牌作為關鍵字，使廣告主之廣告得於相關消費者以關鍵字作為搜尋字串時，出現於搜尋結果最頂端之位置。如商標權人認為AdWords侵害其商標權向Google提出申訴，Google固然表示出於對商標權人之尊重會進行調查，但也明申「廣告客戶必須對自己選用的關鍵字和廣告內容負責」，「我們建議商標擁有者直接與相關廣告客戶協商以解決糾紛」[22]。

Google上開關鍵字廣告政策，雖與我國法院實務見解大致相符，惟在此數位時代，消費者越來越習於由網路搜尋平台找尋所需資訊之情形下，廣告主對Google廣告耕耘日深，Google之廣告收益亦隨之持續成長，根據Google母公司Alphabet公布今年第一季財報，其當季廣告營收扣除夥伴股息支付後高達168億美元[23]。至於使用他人商標作為關鍵字之廣告主，依個案情形不

---

[21] Google現行商標政策，就以他人商標作為關鍵字之情形，並不調查或限制。但對在廣告文案中使用他人商標，則有一定限制：「商標擁有者如就搜尋聯播網上AdWords 文字廣告使用商標的情形向Google 提出申訴，Google 便會審查申訴內容，且可能針對該商標的使用採取相應的約束措施。如果AdWords 廣告在廣告文字中加入了有使用限制的商標，可能會遭到拒登」，同時提醒廣告主：「若要在您的廣告文案中使用商標字詞，請確定您的廣告符合以下其中一個條件：
· 廣告文案使用商標字詞的方式只會讓人想到該字詞的原義，而不是聯想到商標廣告
· 沒有提到與商標字詞相關的商品或服務」，參網址：https://support.google.com/adwordspolicy/answer/6118。
[22] 參「Google廣告政策說明」之「商標擁有者相關說明」，網址：https://support.google.com/adwordspolicy/answer/2562124。
[23] 參「Alphabet第一季財報：Google廣告營收持續成長、其他事業部支出金額也繼續上升」，網址：https://www.bnext.com.tw/article/44275/alphabet-2017-q1-financial-report。

同，亦相當可能因此獲利——其中不乏可能有消費者出於混淆誤認而予以消費、購買者。若有如此可能，即便依現行實務之見解認為消費者至遲於實際交易之時，應已認識廣告主及商標權人之商品、服務係不同來源[24]，而認其可能性不高，惟依上述消費者使用搜尋引擎時傾向點擊搜尋結果頁面第一頁第一條連結之習慣，應尚無法完全排除商標權人因此受損害之情形。目前我國實務就商標權人主張其商標遭他人作為觸發廣告之關鍵字而受損害，如經有權機關認廣告主所為係不當攀附他人商譽或誤導消費

---

[24] 參智慧財產法院102年度民商上字第8號判決略以：「惟查，商標法第68條所謂『有致相關消費者混淆誤認之虞』，係注重相關消費者在實際交易之際是否會混淆誤認。消費者輸入『幸福空間』關鍵字搜尋後，固可能會誤認該搜尋網頁上廣告主之廣告文案為上訴人所有而予以點選進入觀覽（按此亦為各廣告藉以增加消費者進入廣告主網站觀覽而增加交易機會或擴展網站知名度之廣告目的，乃後述不公平競爭之問題），惟上揭消費者之可能誤認該搜尋網頁之廣告，美國學者稱之為『初始興趣混淆（initialinterestconfusion）』，即對該搜尋網頁之廣告可能會混淆而誤認為係上訴人所有之廣告網站，惟消費者點選進入該網址後，該等廣告主網站之網頁並未使用系爭商標，如有使用相關文字亦均為描述性使用，而非作為商標使用者，且均有標明其公司名稱、其所有商標等可資識別標示，消費者並不會誤認係為上訴人所有之網站網頁，自亦不會誤認該等廣告主網站網頁所示之商品／服務係上訴人公司所有者，而致生混淆誤認之虞，前已述明，故誤認該搜尋網頁廣告之『初始興趣混淆』，並非上揭商標法第68條所稱之『致生混淆誤認之虞』」、同法院105年民商訴字第27號判決亦以：「觀諸系爭臉書粉絲圈網頁中，『氫思語』文字與所列文章之字型、字樣及大小均相同，顯非醒目或突出，皆以被告前揭所述方式列於氫氣醫療效果文章標題之下方、文章內容之上方，其呈現之位置及方式與各該氫氣醫療效果文章具有整體性，而與各該文章上方和被告公司商標……相關之蝴蝶圖樣及『EPOCH愛貝克氫美氧生機』、『HOAir氫氧好空氣』字樣有所區別，實不足使相關消費者認識各該氫氣醫療效果文章標題下方之『氫思語』文字為表彰商品來源之商標，又原告本件請求權基礎為商標法第68條第1、2款規定……，原告引用學者文章……就『初始興趣混淆』所為前揭陳述，核其內涵與商標法第5條所定『商標之使用』及商標法第68條第2款規定『致相關消費者混淆誤認之虞』之意旨不同，尚難作為本件被告公司所為有無商標法第68條第1、2款所定商標侵權之論據，原告逕予援引主張被告公司侵害原告商標權云云，並不可採」。

者，榨取他人努力成果且足以影響交易秩序之顯失公平行為[25]，除公平交易委員會可能會對廣告主裁處罰鍰外，商標權人亦可依公平交易法[26]及民法侵權行為等相關規定向廣告主究責。然商標權人幾乎無從依商標法主張權利[27]。

惟我國商標法第1條既明揭該法除為保障商標權外，亦應及於保護「消費者利益」並「維護市場公平競爭，促進工商企業正常發展」，「本來就是公平競爭的一環」[28]，且商標法之於公平交易法，於商標、專利及著作權等智慧財產保障之部分，應屬特別法及普通法之關係，而實務亦認以他人商標作為觸發廣告之關鍵字可能構成不正競爭[29]，且其理由包括關鍵字廣告可能產生「誤導消費者」之效果，此際依智慧財產法院之見解，即應重行檢視判斷廣告主之行為是否構成使用相同或近似商標於相同或類似之商品／服務，且解釋不宜過嚴，否則反與商標法立法宗旨相違。

商標之使用須滿足三要件：1.使用人係基於行銷商品或服務之目的而使用；2.需有使用商標之積極行為，及3.所標示者需足以使相關消費者認識其為商標等要件，已如前述。廣告主購買

---

[25] 參最高法院105年台上字第81號、智慧財產法院100年民商上字第7號、智慧財產法院99年民商上更（一）字第5號等民事判決、最高行政法院106年判字第299號、臺北高等行政法院99年簡字第531號等行政判決。

[26] 見公平交易法第25條、第29條至第30條等規定。

[27] 商標權人得依商標法第68條、第71條等規定向侵害其商標權之人請求損害賠償；此外，商標侵權行為人依同法第95條亦可能負刑事責任。

[28] 參經濟部智慧財產局所著〈新制商標法與公平法的競合〉一文。

[29] 同註5。

競爭事業之商標作為觸發廣告之關鍵字，係基於行銷商品或服務之目的，應無疑問。再者，商標之功能既在使消費者得辨明商品、服務之來源，則關於商標之使用型態與消費者之認識，應綜合觀察之。以消費者所見存在關鍵字廣告之Google搜尋結果頁面而言，競爭事業之商標（即關鍵字）將因消費者之輸入而顯示於Google搜尋列，假如緊接著出現者即為廣告主付費之關鍵字廣告，在關鍵字廣告之下，始屬消費者之隨機搜尋結果，則依消費者之角度觀之，關鍵字廣告與其搜尋之商標，似乎關係更為密切。縱然關鍵字廣告下方有綠色小字標示廣告字樣，消費者仍可能以為二商標之使用人間存在關係企業、授權關係、加盟關係或其他類似關係，因而發生誤認、誤購等情形。則如以消費者之角度出發，此情形是否一律不符合商標法第5條第1項第4款及第2項所稱「將商標用於與商品或服務有關之商業文書或廣告」而「以數位影音、電子媒體、網路或其他媒介物方式為之者」，故不構成商標之使用，實容有討論之空間。

鑒於經濟部智慧財產局所發布「商標法逐條釋義」，亦說明「對於侵害商標權之行為人而言，除上述積極標示商標等使用行為外，若將他人附有商標之真品碳粉匣回收利用，在利用前並未將原附著於碳粉匣上的商標除去，則包裝用之碳粉匣內的碳粉商品若非為商標權人的商品者，則與標示商標的積極標示行為無

異，仍屬商標之使用」[30]，益徵商標之積極標示行為並非必由廣告主自己為之始可，縱係經由消費者之手輸入競爭事業之商標（即關鍵字），亦可能構成符合商標法第5條之商標使用行為[31]。惟於現行實務見解不採美國「初始商標混淆理論」之情形下[32]，商標權人就消費者點入廣告主網站後，至實際交易時，仍有誤認廣告主及商標權人之事業間存在關係企業、授權關係、加盟關係或其他類似關係，致於對商品、服務來源有所混淆之情形下，錯誤購買廣告主之商品、服務之情形，則需提出相當事證證明之[33]。

六、結語

數位時代來臨，巨幅改變消費者消費之行為及決策模式，事業行銷商品及服務之型態亦日新月異，涉及眾多法規之解釋適用，以商標法而言，如何與時俱進、充分發揮保障商標權人、消費者及市場秩序之功能，可謂一大挑戰。然商標之核心價值既在使一般商品消費者認識其為表彰商品，並得藉以與他人之商品相區別之標識，則就商標使用之判斷，即應依此核心價值為基準。廣告主如選擇以競爭事業之商標作為觸發廣告之關鍵字，應注意

---

[30] 參註4，頁12。
[31] 學者亦有相同看法，參劉孔中，關鍵字廣告之商標法與競爭法爭議——以Google為例，月旦法學雜誌第235期，頁69-92，103年12月。
[32] 參註24。
[33] 相關事證應由商標權人提出，此部分將因個案而異，建議洽尋專業律師協助。

避免廣告之呈現有致消費者混淆商品服務來源之情形，例如廣告文案有使用競爭事業之商標，且使用之方式不只會讓消費者想到該字詞之原義，更會聯想到商標，即屬不可。此外，縱廣告文案未出現競爭事業之商標，亦應避免消費者輸入關鍵字並點擊廣告主之廣告進入網站後，網站之內容使消費者誤認廣告主係在提供競爭事業之商品或服務、或廣告主為競爭事業之經銷商、或廣告主係在銷售與競爭事業商品相關之零組件、替換用零件或相容產品等情形。若有前開情形並致商標權人受有損害，縱無商標外在、有形之使用，如商標權人得進一步證明該關鍵字廣告及廣告主網站有致消費者混淆誤認之虞，應可認廣告主有商標侵權使用情事，商標權人得依商標法相關規定[34]向廣告主（即侵害商標權之行為人）請求損害賠償。此外，商標權人亦可對廣告主之負責人提出刑事告訴，如其經判決有罪確定，其可能面臨三年以下有期徒刑、拘役或科或併科新臺幣20萬元以下罰金之刑責。

---

[34] 商標法第71條規定：「商標權人請求損害賠償時，得就下列各款擇一計算其損害：一、依民法第216條規定。但不能提供證據方法以證明其損害時，商標權人得就其使用註冊商標通常所可獲得之利益，減除受侵害後使用同一商標所得之利益，以其差額為所受損害。二、依侵害商標權行為所得之利益；於侵害商標權者不能就其成本或必要費用舉證時，以銷售該商品全部收入為所得利益。三、就查獲侵害商標權商品之零售單價一千五百倍以下之金額。但所查獲商品超過一千五百件時，以其總價定賠償金額。四、以相當於商標權人授權他人使用所得收取之權利金數額為其損害。前項賠償金額顯不相當者，法院得予酌減之」。同法第95條規定：「未得商標權人或團體商標權人同意，為行銷目的而有下列情形之一，處三年以下有期徒刑、拘役或科或併科新臺幣二十萬元以下罰金：一、於同一商品或服務，使用相同於註冊商標或團體商標之商標者。二、於類似之商品或服務，使用相同於註冊商標或團體商標之商標，有致相關消費者混淆誤認之虞者。三、於同一或類似之商品或服務，使用近似於註冊商標或團體商標之商標，有致相關消費者混淆誤認之虞者」。

國家圖書館出版品預行編目資料

現代企業經營法律實務／協合國際法律事
務所著. －－初版. －－臺北市：五南,
2018.01
　　面；　公分.
ISBN 978-957-11-9559-9 (平裝)

1.企業法規　2.公司法

494.023　　　　　　　　　106025227

1UC5

現代企業經營法律實務

作　　者 ― 協合國際法律事務所

發 行 人 ― 楊榮川

總 經 理 ― 楊士清

副總編輯 ― 劉靜芬

責任編輯 ― 高丞嫻　吳肇恩

封面設計 ― 謝瑩君

出 版 者 ― 五南圖書出版股份有限公司

地　　址：106台北市大安區和平東路二段339號4樓

電　　話：(02)2705-5066　　傳　真：(02)2706-6100

網　　址：http://www.wunan.com.tw

電子郵件：wunan@wunan.com.tw

劃撥帳號：0 1 0 6 8 9 5 3

戶　　名：五南圖書出版股份有限公司

出版日期　2 0 1 8 年 1 月 初 版 一 刷

定　　價　新臺幣 3 0 0 元